走出母职困境

Work Mama Life

From Motherhood Burnout to Abundant Health, Joy and Wellbeing

———

［澳］阿里·杨 著
（Ali Young）

孙俊伟 译

中国科学技术出版社

·北 京·

北京市版权局著作权合同登记 图字：01-2023-3212。

图书在版编目（CIP）数据

走出母职困境 /（澳）阿里·杨（Ali Young）著；孙俊伟译 . — 北京：中国科学技术出版社，2024.4
书名原文：Work. Mama. Life.: From Motherhood Burnout to Abundant Health, Joy and Wellbeing
ISBN 978-7-5236-0536-3

Ⅰ.①走… Ⅱ.①阿… ②孙… Ⅲ.①女性—成功心理—通俗读物 Ⅳ.① B848.4-49

中国国家版本馆 CIP 数据核字（2024）第 042634 号

策划编辑	何英娇	**责任编辑**	孙倩倩
封面设计	仙境设计	**版式设计**	蚂蚁设计
责任校对	张晓莉	**责任印制**	李晓霖

出 版	中国科学技术出版社
发 行	中国科学技术出版社有限公司发行部
地 址	北京市海淀区中关村南大街 16 号
邮 编	100081
发行电话	010-62173865
传 真	010-62173081
网 址	http://www.cspbooks.com.cn

开 本	880mm×1230mm 1/32
字 数	176 千字
印 张	8.5
版 次	2024 年 4 月第 1 版
印 次	2024 年 4 月第 1 次印刷
印 刷	大厂回族自治县彩虹印刷有限公司
书 号	ISBN 978-7-5236-0536-3 / B·167
定 价	69.00 元

献给我的孩子玛蒂尔达和乔治，感谢
他们赋予我妈妈的身份；
献给佩德罗，感谢他支持我踏上这段
疯狂的心灵之旅。

目 录

3

第三部分

欢迎来到为人之母的神奇世界！

我的工作对象是世界上一些事业腾飞的妈妈，而这本书正是这份工作的一个喜人副产品。作为一名脊椎矫正师，我一直在和妈妈们打交道，支持她们和她们的孩子，努力弄清楚为什么现在妈妈的世界里有这么多的压力。因此，我开设了在线课程，希望帮助更多的妈妈。

不过，真正的、深层次的原因是，我自己刚刚从倦怠中解脱出来。

我经历过那种生活。

我知道其实有更好的方法来照顾自己。

我是说，如果一个有保健意识的保健行业从业人员都会陷入倦怠，那么没有保健行业背景，但有着同样的工作与生活平衡问题和压力问题的妈妈，还有什么盼头呢？

从那种境地中爬出来绝非易事，现在回想起来，我当时真是吃了大苦头。仔细想想，我可不愿意我的同伴们经历那样的事。

妈妈们，我写这本书就是为了帮助你们恢复健康、恢复爱与被爱的能力。通过一些非常简单的步骤可以帮助你重拾健康；如果你愿意，它可以指导你进行角色转变；而我最大的目标是给你们足够多的信息，让你们从一开始就避免陷入那种窘境中去。这本书里讲的，正是我在初为人母时所希望别人告诉我的东西，它引导我重返工作岗位，帮我认识到自己生而为人的价值。

想到你已经拿起了这本书，或者有人把它当礼物送给了你，我就很激动。我很高兴它以某种方式进入了你的生活。如果这是你第一次挑战做妈妈，欢迎入列，请做好准备。这将是一次非凡的冒险之旅——有时举步维艰，有时易如反掌。而我，直到今天仍然大爱这段经历！如果你是一位重走回头路的多胎宝妈，欢迎回到战场！我迫不及待地想帮助你在这一轮的为母之旅中得心应手、收获成长、保持健康。

工作生活和为母生活之间的巨大转变，或许就发生在你身上，我们每个人都应尽可能地以最好的方式来驾驭这种转变。

做妈妈是一件五味杂陈的事。给人感觉混乱又平静，喜悦又沮丧，不知所措又快乐无边！没有人能把母爱琢磨透彻，生命本身就无所不包。不过，母爱有时也的的确确会变得过分。对一些人来讲，孩子出生的那一刻，这种爱就会从天而降，但对许多人而言，母爱也需要时间去建立和培养。

对一些人来说，做妈妈是忙碌生活中一个可喜可贺的插曲，是她们多年来一直梦想的事情，是职业生涯中的一次暂停，是家庭中的一件大事或是一次计划的最终实现。做妈妈可以使很多方面发生急剧变化。也许这会是一个新的开始，因为你可能会重回工作岗位，也可能就此居家工作，也可能变成其他类型的职场妈妈。

对另外一些人来说，做妈妈可能更像是一个惊喜。它可能是一件情理之中、计划之外的事，也可能在一开始让人非常震惊，以至于脑海里会冒出无数个念头，整个做妈妈的经历都不像人们一直以来所描绘的那样，这是一个巨大的转变。

这种转变被称为"孕产期"，意为从女人到妈妈的光荣转变。在这本书中，我们将对孕产期进行深入探讨，不过在做妈妈的初期阶段，我只是想让你知道，你不是孤立无援的，你即将转变为一个升级版的自己。

在过去的 20 多年里，我专注于妇幼工作，从孕前到孕产期，再到成为妈妈，尤其是在与孩子打交道的过程中，我发现了许多共性问题，如支持、烦恼、委屈和知识盲区等，妈妈们渴望了解真实又前沿的信息。其实，有很多方法可以帮助妈妈们摆脱困境。

我们生活在一个忙碌而喧嚣的时代，作为妈妈，我们需要应对相当极端的压力。生活中来自工作（顺便说一句，我强烈主张为人母也是一种工作）、孩子、伴侣和社会期望的压力，真的会使人压力飙升。

在本书中，我将与你分享一些研究成果，所以如果你是那种探究型妈妈，你会在这里获得诸多启示。比如，阿扎里（Azhari）等 2019 年在《自然》（Nature）杂志上发表的文章指

出，父母的压力水平和母婴脑连接的同步性之间存在相互作用。总的来说，如果妈妈有压力，妈妈和宝宝之间的共同调节（行为、生理状态等方面的意识）就会减弱——也就是说，他们变得不那么像一个整体，妈妈和孩子都会遭罪。

我不了解你们的情况，不过，我快崩溃时，就是没有能够按照我想要的那样实现共同调节。那种感觉真是糟透了。如果我能帮助哪怕一位妈妈在生命中免遭那样的痛苦，或者教会妈妈们如何在陷入困境时把自己解救出来，就是一个巨大的胜利。

这本书旨在赋能世界各地的妈妈们，尤其是职场妈妈，让她们有能力驾驭社会上日益增加的压力负荷，在处理繁忙急切的事情时，能多一点冷静和平静，多一点健康和选择。我们将探索根深蒂固的代际养育模式，共同探讨如何做出改变，并为我们和我们的家庭创造一种新常态。

我们将重新设想一种欣欣向荣的为母之道，让所有经历生活持续增压的妈妈远离倦怠，让我们一起探索并选择一条不同的道路——一条真正广结善缘、情绪稳定、意识清醒的为母之道，一条能够保障我们和家人健康的道路。

我迫不及待地想和你一起踏上这段旅程了！

关于本书

这本书的设计可能与你的预期有些许出入。我把它分成了三大部分，你可以跳着翻阅，也可以从头开始看。全书旨在为你提供一个指导方针，以改变并减少被压力击垮的情况。随着时间的推移，小变化积少成多，将会给你的生活带来巨大变化。往后的各种可能，想想就令人兴奋不已。

本书的三个部分为：

● 第一部分构成了认识我们人母身份的基础。它既能帮助我们了解我们需要做出改变的原因，也能促进我们反思之前走过的路。这部分讲的都是关于妈妈身份、压力、倦怠、研究方面的内容，也会讲社会是如何助推我们走到今天这个地步的。这部分不是行动指南，更像是概念解释。它会讲到育儿文化中的妈妈到底发生了什么变化，以及我们可以从哪些方面找回"自我"、内心的火花以及我们的心。

● 第二部分为行动部分。在这里，我将介绍健康妈妈的五大支柱：通过这五种简单的途径，你就可以改变你的生活。第二部分的每一章都提供了大量的工具，帮助你回到健康状态；帮助你去探索同时兼具女人和妈妈的双重角色，以及它们之间的联系；帮助你重获时间，在不增加压力的情况下完成所有事情。谁不想要那种生活状态呢！

● 第三部分我们会通过妈妈、企业主、员工的角度来看待生活，以及看看如何做好相关的事情。我们通过一个框架，将这些方法融入你的生活，我给这个框架取名叫"六级转变金字塔"。我会谈到目标力量、自我意识、你的重要性，也会讲到你对自己

的看法将如何改变生活。我们将一起来认识一下"转变"，看看它如何为你的世界带来光明。到第三部分结束时，你将形成你具体的变革计划。我已经迫不及待地想要听你华丽变身的故事了！

正如我在本书开头说的那样，一切都取决于你：取你所需，探索你自己的冒险之旅。我希望，在看完第三部分时，你会发现至少有一种新的方式，可以用来选择你的路径、与过去建立连接，让身为妈妈的你也能永远地爱自己。

通读全书，你会发现很多精彩的小插曲，我称为"思考时间"。这些安排让你有时间去琢磨刚刚读到的内容，看看它是对你意义重大，让你颇受启发，还是根本无关紧要。所感皆合理，在这次精彩的旅程中，没有对错之分。

做妈妈是一件了不起的事，职场人士、妈妈身份，真的能让我们两全其美。我们能满足自身要求，也能满足家人的需要，凭借美好的意愿、知识、方法和技能，让这一有意识的转变更为健康、充满活力且令人愉悦！

每次读到这句话，我都会心潮澎湃：一个妈妈们敢于表达非凡自我的世界，就是我眼中的乐土。让我们一起去创造这样的世界吧！

1

第一部分

职场：
平衡妈妈角色
与生活

让我们一起来探索为人之母的世界吧！

正如我在引言中所说，本书的第一部分紧紧围绕理论知识展开，使你能够深思熟虑地做决定，能够在需要时做出改变。用心过好你的生活，让心灵和健康牢牢掌控在自己手中。

当我启程回归职场妈妈的世界时，我清楚地了解自己要做的事情，或者，我是这么认为的。我很忙，我总是在赶时间，总是在大喊大叫……我什么都想做好。在这一部分，我将分享很多我当妈妈过程中发生的故事。

开始前，我想埋下一些希望的种子，记住，你不是孤身一人，要学习为母之道，你真是找对地方了。

在第一部分，我们将深入探讨为母之道的相关知识和背景故事。每一章，我都将带你浏览一些重要的东西，帮助你重新发现非凡自我和找回个人健康，并收获更多的快乐。我将分享一些知识和研究，帮你描绘出为人母的演变情况。或者至少，我可以分享一下我在其他妈妈那里的所见所闻。

为了写好本部分，我不得不一会儿动用大脑的研究能力，一

会儿又停用大脑的研究能力。我希望，我在本部分已经揭示了足够的生活真相，让你最后可以看到它与自己的相似之处。理解好你的母职角色，将使做好这个工作更加容易。

人体是一个奇妙的东西。在大脑和神经系统的作用下，人体总是能够通过适应、改变和塑造，对环境做出完美的反应。但是，压力会让我们一直处于"开机"状态，这是不健康的。在新冠疫情期间，我们每个人都承受了很大的压力，而这对妈妈们产生了尤其重大的影响。

在这本书的这一部分，我将揭示人体的奥秘，看一下它如何让你作为人类的一员而存在，又如何让你应对在妈妈这个角色中面临的种种困境。

尽情去了解你自己吧，因为你是那么优秀。我希望在第一部分结束时，你将能够认识到你是多么了不起。如果你正在努力平衡妈妈角色和生活（包括工作），我期待你学会如何再次找回"自我"！

第一章　母职之路介绍

进入奇妙未知世界的母职之路！

我将结合一点自己对母职的感想，探讨职业倦怠、妈妈生活、职场妈妈生活及其中的光荣与梦想。因为，我当然可以用在大学里学的技能来证明我自己，但是那也不如一路走来跟我一个战壕里战斗的、给予我支持的、成千上万的妈妈有说服力！

在这开篇的一章里，你将了解到：

- 我的为母之路
- 支持系统与压力
- 倦怠——如何出现并侵袭我们
- 母职中的男权制
- 对治愈自己和恢复活力的见解

跃入母职前的个人观察

2002 年，我从皇家墨尔本理工大学毕业，那时候我认为做妈妈不过是生活的又一个线性单元，是许多女性都要经历的生命轨迹，不过是天经地义的事。作为一个在维多利亚地区长大的乡下孩子，我被鼓励着从以下三种职业中择一从业：医生、律师或股票经纪人。人们把这些职业视为我们这些人脱离乡村生活、获得"金饭碗"的途径。

以前，我妈妈在市镇医院里从事超声医师的工作，放学后我经常去那里等她搭车回家。有趣的是，正是在那种情况下，我开始注意到职业女性的困境，也观察到她们总是如何巧妙处理好这一切的。

15 岁时，我第一次去看脊椎矫正师，那一次，我不仅摆脱了长期以来的疼痛，还了解到他们可以自主选择工作时间。潜意识里我就觉得，脊椎矫正无疑是从业的明智之选。在我看来，这不仅是一个职场妈妈的轻松之选，也使我在接触了几代职场妈妈后，觉得自己有能力拥有一切。

然而，当我在 23 岁成为一名脊椎矫正师后，我却并没有想太多，闪电般匆匆开始了我的职业生涯。这把我带到了澳大利亚的另一边，我一路来到珀斯。在那里我遇到了一些了不起的女性，她们影响了我的母职角色。我们有太多故事要讲，不过我还是留到下次再说吧！

我在大学里学习脊椎矫正时，没有人关注女性成为妈妈的过程（从女性到妈妈的美丽转变和变化，我将在后文对此进行深入讨论）和为母之道的各个阶段。在我们所受的教育里，有怀孕的妈妈，有新生儿、婴儿和幼儿，有激素变化，却没有如何照顾产后妈妈，以及介绍妈妈角色所需要支持的重要元素。如果要按照妈妈们需要的方式去支持她们，当下这种情况就真的需要改变。

后来，我有幸接手了一家私人家庭诊所，并开始与妈妈们密切合作，这既是为了她们自己，也是因为她们是我照顾的孩子们的家长。正是在这里，我感受到：妈妈们渴望把健康等一切最好的东西都给予自己的孩子。

妈妈们会不断地追逐那些让孩子保持健康的待办清单，而完全不顾自己的健康。她们过分专注于为家人操劳，而停下来照顾自己却从来不是任务清单上的优先事项。

这种事会一直发生，直到她们把自己累垮，而我和我的团队往往就在这个时候介入，帮她们复原。

听起来是不是很熟悉？我相信你们有一些人会有同感，而其他人可能就不这样了。

有趣的是，我认为这实际上是所有妈妈的标准常态。直到我自己成为一位妈妈，在如何保持自己的活力方面不断摸索，我才深入研究了妈妈健康的相关概念。那种不自私、一分为二，选择呵护自己也呵护孩子的做法——可能与人们的预期和常态有所出

入——让人难以接受。内疚感和"完美妈妈"的说法，开始影响我的为母之道。

我的生意伙伴，同时也是我最好的朋友，经历了多胎妊娠，按常规来说，她应该选择剖腹产，因为她怀的是三胞胎。但她设法找了支持她选择顺产的医务人员，而这个决定在某种程度上使她成为一个异类。在她养育孩子的过程中，这个选择使她轻松不少。

然而，她为自己和家人做了与众不同的选择。对她来说，工作是她价值体系的重要组成部分，工作让她在与三个人类幼崽的混战中仍能感受到自己。在我看来，这就是"反对完美妈妈"迷思的典型。当然，有些时候，妈妈内疚感与重返工作岗位的决定有关，这是千真万确的——孩子晚上不睡，妈妈也跟着睡不好，从而影响第二天的工作表现，这也可能使妈妈产生内疚感。在新冠疫情肆虐之前，努力维持"工作—生活—母职"的完美平衡本就给人造成很大压力了。

⏳ 思考时间

● 在你成为妈妈之前，你有没有观察过你的朋友／家人／同事？现在回头来看，他们有没有对你养育孩子和妈妈身份的认知产生重要影响？

● 你对于做妈妈这件事有哪些预设的想法（比如疲惫、倦怠、愉悦、好玩、连接、孤独）？

我的为母之路

我踏上母职之路纯属意料之外，但也是我渴望已久的一份惊喜。事实上，我是在新婚之夜怀上孩子的。但是，这显然也是一件了不起的事。为了做好一个妈妈，我把经营了 8 年的诊所转让给了我最好的朋友。不久之后，由于我丈夫的工作变动，我们搬到了马来西亚。

此后，我的生活发生了巨大的变化。我非常感激这个转变所带来的机会，不过那也是一段动荡不安的时光。

就在我怀孕 20 周的检查结束后，我们搬到了新山。人人都跟我说，孩子出生之前，我能有这么多时间来为他们的即将到来做准备，是多么的幸运。尽管之前的 12 年里我一直在和妈妈们打交道，但讽刺的是，现在回想起来，我所做的准备并不完全是我所需要的。我高度专注于分娩方式，试图消除自己根深蒂固的信念，即我不能顺产，这主要来自 15 岁时给我看脊柱片子的一位放射科医生的断言。

如你所想，我非常清楚我们的信念在分娩结果中起到的作用，于是特别专注于改变这一点。我接受了催眠分娩教练和导乐陪护的指导。在澳大利亚的时候，我曾和助产士、产科医生聊天，表达了我的恐惧和担忧，也说明了我在生孩子前的情况。

不用说，我脑子里对分娩之后的为母之道压根儿没什么概念。甚至我们夫妻两人一次都没有谈论过这个话题，也没有和我

的闺蜜对做妈妈的种种细节进行过交流。我发现有趣的是，相较于操心孩子出生后如何做好父母、养育好孩子，我把更多的时间花在了纠结婴儿车的挑选上。

我知道，这样的人不止我一个。许多妈妈肯定会有类似的想法：只要我把孩子生下来，那么就大功告成了。

这有力地印证了"完美妈妈"的迷思。

我的为母之路与想象中简直是天壤之别。我在怀孕35周零6天的时候，一个人从马来西亚回到了珀斯。我把丈夫留在马来西亚，独自度过了三个星期。想到自己即将临盆，而他不能及时赶到，我害怕极了。我敢肯定，这导致了我在分娩过程中应激反应的增强，也可能影响了分娩结果。

我在怀孕40周零5天（比预产期晚了5天）时出现了羊水渗漏（少量渗漏，不是大量涌出）的情况。这种情况持续了几天，其间，我在生育中心进进出出，反复做着检查。我想方设法、竭尽全力想要避免被催产，因为一旦被催产，我可能还会面临一连串的医疗干预。

尽管如此，我最终还是被催产了，经历了漫长的分娩过程（持续了18小时）。当时我的导乐陪护在场，每次她离开房间去挪她的车，就会有人进来给我做检查。所有的压力都在我的身上，这次经历与我想象的几乎完全相反。虽然我最终避免了剖宫产，但精神创伤、产钳的使用等，真的影响到了我与孩子最初的亲密关系。

当女儿被抱到我的胸前时，我对她的平安到来感激不已。我感觉到了爱，但并没有感受到那种无法抗拒的、改变生活的震惊时刻，这与大家跟我说的有点不一样。我对我的孩子有超强的保护本能，但并没有感受到我期待的爱的迸发。光是这一点，就足以让我开始对自己的妈妈身份感到内疚了。当时，我并不是不爱孩子，仔细一想，我的爱是日益深厚，而不是一拥而入的。

在接下来的几个星期里，我们收拾好了在珀斯的房子，以便等我们再回到海外时可以把它租出去，体验了初为父母的生活，祖父母、外祖父母从其他州赶来看望了我们，共同庆祝了圣诞节，然后我们就带着一个 20 天大的婴儿飞回了马来西亚。当时我觉得这很正常，但仔细一想，这简直太疯狂了。

难怪我有点迷茫。

最重要的是，我让所有人都不停地试着帮我，告诉我对新生儿来讲，什么有用、什么没用。

你听说过这些问题吗？

- 为什么喂这么多?
- 为什么喂食要花这么长时间?
- 她为什么这么小?
- 你应该做……
- 你不应该做……
- 你这样用尿布……

- 你那样用橡胶奶嘴……
- 你这样或那样把她包起来……

我突然发现，我个人的"好妈妈"概念建立在新生儿阶段的外部因素之上，如睡眠、粪便和喂养。我觉得自己有点失败，因为多年来我一直在帮妈妈们照顾孩子的健康，但我自己孩子的表现却并不在理想的"好孩子"之列。社会对好妈妈的普遍衡量标准，取决于她的孩子在某些方面的表现，当时这真的让我很不开心。

搬回马来西亚之后的生活有点孤寂。由于疫情防控我一直待在家里，只有少量的社区连接和帮助。于是我开始健身、做饭、及时回应孩子的需求，冠军妻母也不过如此了。

然而，我觉得自己并不是一个好妈妈，因为我遇到了哄睡问题。没有一本睡眠方面的书我没有读过，没有一个朋友我没有求助过，没有一条建议我没有加入每日"应做事项"中，但帮助不大，很讽刺吧。

不过，我现在正在写一本书，支持妈妈们选择属于自己的冒险之旅。我非常感谢大家早期疯狂地向我介绍为母之道，因为这确确实实丰富了我的经历、学问以及提高了我向其他妈妈们提供支持的热情。

支持系统与压力

虽然当时我有支持系统的帮助，我还是给自己和家人制造了压力，因为我在努力践行"完美孩子"和"完美妈妈"的思想。这不是一件下意识的事情。我这么做是因为我认为自己应该这么做。研究表明，不是只有我一个人这样。在本书中，我们将集中对这一育儿思想进行探讨，看看其如何影响育儿的压力负荷。这种思想正使职场妈妈陷入倦怠，在这个过程中，她们努力照顾好除她们自己之外的每个人。稍后我们将详细展开。

作为一个过来人，第一个孩子出生以来的这几年，我一直在思考这个问题，现在我明白，孕产期是如何真真切切地影响我们、影响我们的健康以及看待妈妈身份的视角，哪怕是一位高知妈妈，也难逃其影响。

作为妈妈，我们"自我"外部和特定环境内部的生活压力，会影响我们的健康、活力、热情，并最终影响我们的母性。而支持系统，是可以彻底改变生活的。这些支持系统真的可以把糟糕透顶、让人抑郁又焦虑的经历变成愉快而令人精神焕发的体验。

我在行医的过程中听闻，为妈妈提供的支持系统有时候让人应接不暇，也就是说给的帮助"太多了"。正如妈妈们告诉我的那样，系统在短时间内给出的建议可能会相互矛盾，这会提高焦虑水平。当妈妈们从外部寻找一切问题的答案时，也可能是一种

非常难以忍受的经历。相反，允许自己倾听内心，冷静倾听我们内心的声音，可以让我们以一种适合自己的方式来支持自己。

以我的经验来看，我们自身知识的缺乏和不断地从外部获取信息而产生的压力水平，可能致使我们走向倦怠。当我们带着内疚感回归工作时，就将炮制出一场灾难。

新生儿阶段育儿＋支持系统压力＋强烈的外部影响＝倦怠的基础配方

不出所料，有一天我的女儿玛蒂尔达开始自主睡觉了，于是我们决定要"二胎"。这段旅程完全不同，我经常把我的第二次分娩看作是我的治愈之旅。不需要任何干预，孩子一出生我就能感受到母爱涌动，从一家三口到一家四口的转变，是一种完全不同的体验。

虽然这是一次治愈性分娩，但并不意味着我没有压力，也不意味着我没有从外部寻找答案，比如二胎是什么状况、我应该做什么等。这只是说，相较于上一次，我有了一个更好的开始。

⏳ 思考时间

- 我把第二次分娩看作一次"治愈性分娩"，是对第一次分娩的补偿。你也是这样的吗？
- 学会听从自己的直觉需要时间和耐心。我的第一次尝试是决定不再控制哭泣。你会听从自己的直觉吗？

从精疲力竭到活力四射

直到生宝宝后很久，我才出现倦怠感。那时我已经重返工作岗位，开了一家诊所，在澳大利亚艰难地过着"正常生活"。此外，我也多了一些家庭压力。

以上这些就足以让人精疲力竭。倦怠感不声不响地靠近了我，得大动声色才能引起我的注意。这实际上发生在新冠疫情暴发之前，而在我的崩溃发生时，它只是顺势推了一把，继续恣意着。

从生活中获得治愈，学习重获快乐、活力和健康，其效果是惊人的。这本书讲的就是从精疲力竭到活力四射的变化之旅。

成为妈妈的每一次尝试，都有其挑战和收获。它会为你提供成长和拓展、发现与觉醒以及自我反思的机会，我的为母之旅，妈妈身份、母子关系、大脑运作机制方面的大量阅读和信息获取；压力、倦怠及新冠疫情影响下的社会对健康和"自我"的影响，对以上种种的反思，让我开始了一段充满活力的母职之旅。

我迫不及待地想和你一起来探索了。

第二章　充满期待的妈妈角色

我们给自己讲的故事既能成就也能破坏我们的经历！

我记得，第一次做妈妈的时候，我感到肩负的期望很重。那时，我在异国他乡，带着一个三周大的孩子，丈夫整天都在工作。在我的印象里，他期待我照顾好孩子，保持家里干净整洁，还要做有营养的饮食。

有这个小家伙整天陪着我，我感到非常高兴、非常感激。我是说，她很可爱，让我快乐至极！

我渴望和她在一起的快乐，但在我的内心深处却有一丝挥之不去的烦恼。要进行身材管理、体育锻炼，做到情绪稳定、自我控制，永久地摆脱内疚感和倦怠，让孩子行为乖巧，一想到这些，我就感到心烦。我当时认为，我的育儿效果通过孩子某些方面的表现就能体现。

这一章可能在社会和母职的概念上有所偏重，但请记住，本书的第一部分是在为你提供一些背景知识，让你保持极好的健康状态和活力状态。

在本章中，我们将探索：

- 作为妈妈，我们内心的批评者，就是我们心里那个"坏女孩"！
- 代际母职：我们被养育的方式如何影响我们的养育方式
- 社会对妈妈的五种普遍期望
- 快速摆脱期望的方法

一般来说，我们这些可怜的妈妈们在大方向上会有很多问题要问。要我说，我们真要根据自己几乎无法控制的事情来评价我们妈妈当得称职与否吗？

- 她睡得好吗？
- 你睡眠充足吗？
- 你读过这本书还有那本书吗？
- 你会按照这个人说的来做吗？
- 他们这些专家值得信任吗？
- 他们会给你最有用的信息吗？

承担着所有期望，在信息的汪洋中艰难跋涉，从可用的资源中尽可能地汲取知识，并将其好好加以利用，这可不是件容易的事（我非常不喜欢做这种事）。作为一名职业女性，尤其是一名

卫生行业从业者，我应该比当妈妈前的自己做得更好。

作为一名以帮助母婴为生的保健专业人士，我觉得我永远不能失败。在我看来，失败意味着我不是一个优秀的专家。我的育儿工作就是对我"适合"这一职业的现身说法。如果我做得不够出色，我的内心评判机制也不会允许我出来讲这些。如果我自己确实当不好妈妈的话，那么等我选择重返工作岗位时，谁还会再相信我呢？让我们来深入了解一下我是如何落入这个社会陷阱的，看看我如何用一些简单的步骤帮助你轻巧脱身吧。

我们内心的批评者：活在我们心里的那个"坏女孩"

你看过电影《坏女孩》（*Mean Girls*）吗？我很喜欢那部电影。当然，我并不是一个刻薄的女孩。至少对别人不那样，不过，有时候我对自己是很刻薄的。

现在，作为一个妈妈，我意识到我脑子里有一点"坏女孩"的影子。你知道的，她会教你换种方法做事。你本应该：

- 就失望的话题换种方式与孩子沟通
- 抽出时间去学校参加游泳嘉年华
- 不去参加游泳嘉年华，因为你需要考虑损益
- 不去预约那次按摩
- 去跑步了——胖墩儿

● 不去跑步——亲子时光更重要

那个可恶的"坏女孩"是很多事情的始作俑者，对吗？

你的叙述可能与我的大不一样。我是说，我们的"坏女孩"都替我们表达出了完全不同的声音。这些内心的批评者可能说了与我们意见相左的话。然而，驱使我们所有内心批评者发言的东西，正是各种期望。

在上一章中，我们探讨了一些影响育儿体验的因素。在本章中，让我们来看看这些期望在母职世界里是如何发挥作用的，重点看一下这些期望与我们这些妈妈之间的关系。

在我们进入母职领域深入探讨之前，对内心的批评者（"坏女孩"）、内心的声音和期望的心理影响有一个初步了解，将有利于理解其作用机制。肯特大学文化史教授安娜·卡塔琳娜·沙夫纳（Anna Katharina Schaffner）在积极心理学网站上发表了一篇综合研究类文章，文中讲了与内心的批评者共生的问题。我喜欢她把我们对这个问题的理解凝练为负性自动思维（automatic negative thoughts，ANTs），通常也被称为消极的自我对话（negative self-talk）。而我喜欢管它叫作"坏女孩"！

我们的"坏女孩"在我们童年时期就已经形成，当我们开始通过"我们应该……"来审视周围的寻常事时，她就出现了。这种"坏女孩"的声音在我们的大脑功能中起着保护作用。我知道这听起来很奇怪，但总的来说，如果它察觉到了危险，也就是

"我们应该……"范围之外的事情，她就会激发我们的恐惧或者逃跑反应。

这个"坏女孩"是作为一种心理保护机制而存在的，以便让我们了解周围正在发生的情况，让恐惧或逃跑反应能够正常运作。根据沙夫纳教授的说法，当我们还是孩子的时候，如果我们感觉不被爱或经常被批评，我们会责怪自己而不是责怪父母（这是完完全全的"坏女孩"时刻），它就会在我们心里出现，产生一种抑制这种反应的生存机制。

沙夫纳教授称，要摆脱那些反复出现的"坏女孩"时刻，最好的方法就是改变你的叙事方式。这就是说，当你听到自己批评自己的行为时，请做这三件事：

（1）认识到这是一个"坏女孩"时刻。在它出现时，去感受你身体的反应。

（2）想想你更愿意对自己说什么（想象你是你最好的朋友）。

（3）清理并重复。摆脱"坏女孩"声音的一个可靠方法就是不断抑制这种声音，改变这种叙事方式。

这在现实世界中是如何发生的呢？让我们简单地从妈妈的角度来看一下。想象一下，你的宝宝不能把那些"重要的"睡眠周期串起来，因此这些周期也只能睡 20 ～ 40 分钟。于是，"坏女孩"就出现了。

"坏女孩"的声音就是要让你一直觉得自己失败了，增加你的压力。

不，谢谢。我们应该为自己而活。那种为母体验不可取。

让我们把"坏女孩"踢到一边去吧！

那些被当作社会常态来兜售的期望和故事，正在推动我们的内心批评者发生改变，阻止我们去探索做妈妈的实际情况和我们对做妈妈的真正期望。

我觉得期望中的育儿难题是双重的。不过，在开始探讨之前，我们先停下来思考一下。

⌛ 思考时间

- 在你的认识中，谁是你心目中的"坏女孩"？
- 对于什么事情它会一直说"你知道那不是真的"？
- 你希望从你的"坏女孩"嘴里说出什么话？

代际母职：我们的养育方式是如何传承下去的

期望在养育子女的方式中起着很大的作用。我们现在都心知肚明。如果不讲讲过去的养育方式对我们现代的养育方式的影响，那就有点说不过去了。我认为，在生命最初的几年里，我们从妈妈的养育中学会了如何做妈妈。你有没有听过自己说的话，并且还会想：天哪，我听起来和我妈妈一模一样！

我经常在想，小时候经历的这些养育瞬间，在我们自己当妈妈的过程中，是如何通过潜意识发挥作用的？我们是如何理解这些瞬间，又是如何产生对自己当妈妈的期望的呢？

马登（Madden）及其同事等研究人员称这种理论为"代际养育（intergenerational parenting）"。他们研究了妈妈的养育方式是如何影响其子女养育方式的。认真研究后，他们发现，祖辈表现出来的养育理想与父母辈的养育行为存在关联。实际上，这告诉我们，我们为自己孩子选择的养育方式，可能会在将来让孩子的孩子受益。其影响是相当深远的——也让人略感压力，特别是当你的"坏女孩"告诉你做得不好的时候。如果正处于"好妈妈"的焦虑中，了解以上这一点，在谈及你如此固执地以某种方式做事的原因时，就可以在某种程度上得到宽慰。

然而，稍微调整一下角度，我们就可以明白长辈的育儿行为如何从基因和社会两方面影响我们的思想理念、育儿方式和育儿效果。起码，我们可以明白某些时候我们的"坏女孩"声音因何而来，即源自自己的期望。

我的一位闺蜜经常思考这个问题。在我撰写此文时，她已经是两个小孩的妈妈了，她经历了多年的备孕，才有了这两个孩子。在此期间，她产生了强烈的期望，拒绝成为一个殉道者式的妈妈（把一切都给孩子、毫无保留的妈妈），而立志成为一个"好妈妈"——她想要一种不同的育儿方式，绝不是自己妈妈对自己的那种养育。她的孩子来之不易，所以，为了尽可能成为她渴望成为的最好的妈妈，她必须忠于自己！

在她的整个童年时期，她的妈妈都十分看重自己的殉道者身份，致力于为孩子包办一切，而在他们长大后，她又注重让子女承袭这种教养方式。这位妈妈为孩子放弃了自己的一切。我的闺蜜开始做妈妈的时候，已经是一个有职业追求的大龄妈妈，她意识到了其中的问题，于是努力尊重自己，不放弃做自己。她原本很容易陷入殉道者模式——但她知道，那不是她想要的。

她这么做是因为这是她见到的范例就是如此，而她自己并不想这样。意识到要尊重自己，尊重自己的欲望，尊重自己想要成为的样子，能够以自己理想中的妈妈的形象示人，这是多么美好的为母之道呀。

⧗ 思考时间

● 你有没有想过你是如何被"养育"的？

● 你有没有发现自己很像自己的妈妈、奶奶等重要看护人？

● 有没有一件事是你妈妈做过的，而你希望自己能不去做的？

社会对妈妈的五种普遍期望

对育儿来说，社会期望有时是最沉重的一种期望。我不希望你被社会期望压垮。我只是想概述一下，我们是如何不知不觉地被影响着以某种定式去做事的。社会给妈妈们带来了巨大的负担，尤其是我们这些既要工作又要当妈妈的人。

我将把社会期望分解成五个容易理解的概念。

我一直对妈妈们有所了解，但直到我和出色的母职研究社会学家苏菲·布罗克（Sophie Brock）博士一起工作时，我才看到了许多妈妈是如何真正做到这一点的。我发现，仅仅是有幸理解这一切背后的皮毛知识，就足以让我认识到自己妈妈生涯中的不足之处，并做出改变。归根结底，就是要减轻压力，转向快乐模式。我希望这五大概念也能给你带来一些"顿悟"时刻。这些小小的"顿悟"时刻积少成多，就可以创造出神奇的变化。

如果你也同意，那我们就开始吧！

1. 妈妈应该行而有范

人们普遍认为，妈妈的行为应该符合育儿规范或标准。作为生活在工业化世界的女性，我们常常被鼓励去探索自我意识，以一个完整的女性形象存在。那不就意味着我们可以自由地去弄清楚自己到底是谁吗？然而，一旦我们成了妈妈，就没有那么多自由去思考了。

作为妈妈，我们的养育方式应该是什么样子，人们会有各种的看法。我们应该符合某种标准的好妈妈制式。人们鼓励我们好好表现，就好像此前我们没有过值得过下去的独立生活一样。好妈妈的判断标准不是为了你已经不再做的事情而悲伤，而只是爱你的生活里所有的新事物。

你还记得20世纪90年代的那首《别担心，要开心》（*Don't Worry, Be Happy*）吗？这种"有毒的"积极情绪正是人们期望我们拥有的。当我们把职场妈妈的生活置于这种期望之上时，就会突然被推入一个可能不适合我们的境地。

我们可以选择自己的行为模式。以我为例。我有一个非常愉快的青年时代，当时我很喜欢吵闹的音乐、跳舞和社交。然而，作为妈妈，如果我放着钟爱的西雅图摇滚乐队的曲子，在厨房里跳舞，还想带孩子去酒吧与闺蜜共进午餐，一些人可能就要质疑了。这些人我可能不在乎，但经常带着孩子做这些事就超出了妈妈的行为标准。

我的育儿风格与许多来过我诊所的妈妈截然不同。然而，我知道我和我的孩子有着深厚的感情，我们母子之间的爱不少分毫。他们不在乎他们的妈妈发型夸张，也不在乎她跟着愚蠢的音乐跳舞（只要他们的朋友都没看到就行——因为那也太尴尬了），我很自豪地向他们介绍我所喜欢的乐队，比如珍珠果酱乐队（Pearl Jam）和美国DJ音乐制作人组合（Masters at Work）等。

那种为了孩子的利益而把自己搁在一边的期望，正在消磨做

妈妈的快乐。

没错，我说过了。我们需要尊重自己，尊重我们的身份，让我们的育儿和为母之道变得轻松、平静、不孤独。

2. 妈妈应该身材有样

迫使妈妈们想要恢复到产前身材的压力不难理解。在2004年发表的一篇文章中，莎丽·德沃金教授（Shari Dworkin）和费伊·瓦克斯教授（Faye Wachs）深入研究了这样一种现象，即人们是如何利用过去的女权主义运动在外表出众和母职能力之间建立联系的。说真的，这能有什么关系呢？

这篇文章中有一个关键点，澄清了关于女性身体的观点："恰恰在女人的身体通过一种最具价值的方式展现女性气质的时候，也是她最不可能被视为审美理想的时候。"这种观点认为，虽然怀孕是一件好事，但并不是一件赏心悦目的事情。根据我的经验，其他女性会注意到我们在怀孕期间有多么"外表出众、容光焕发"。然而，一旦生完了孩子，我们就会意识到自己有责任恢复到孕前状态。

宝宝中心（BabyCenter）对7000名新手妈妈进行了一项在线调查，发现了产后的一些重要问题。调查显示，64%的受访者认为，她们在成为妈妈后身材变差了。有趣的是，研究还发现，随着时间的推移，即使妈妈们减肥成功，仍有62%的人认为其身材还是变了。我们的身材包袱太重了。

妈妈们的世界发生了太多的变化，她们要学着如何照顾这个新生的小家伙、如何适应一种全新的生活。我的意思是说，他们才刚刚分娩完，进入了孕产期，有了新的自我意识（下一章会详细介绍）。想要恢复身材，应该是她们待办事项中最次要的一项了。

有一种社会期望是，分娩后几周内，你就能看起来好像根本没有生产过一样。如果观察明星生完孩子后的社会评论，你会发现这种描述正中全世界妈妈们的下怀。

我记得住在韩国的时候——我和丈夫在孩子一两岁时搬到了那里——我和一群妈妈一起锻炼。对我来说，这是一段超级宝贵的时光，因为我一个人都不认识，而这个锻炼机会让我和她们建立了美好的友谊。回想起来，一起锻炼促使我们看起来光彩照人（我只能说，我们人人都身强体健，把自己和孩子都照顾得很好）。就如何在不失去奶水供应、不降低能量水平的情况下最好地喂养，以便让自己恢复到原来的身材方面，我们交谈了很多。

我当时进行了果蔬汁断食，坚持低碳水饮食，我什么都试了，就为了回到生孩子前的样子。对于动机，我从未质疑过，我只是觉得理应如此。那是我为人母的一种期望，即如果我看起来光彩照人，那我就是一个成功的妈妈。怀孕前，我就是这么给自己定义的。

我完全没有意识到，成为妈妈的过程已经改变了我的身体；完全没有认识到胸腔变宽、骨盆松弛变形等现实。

一切都是为了穿上几年前的裙子，我的感觉良好，而这都

是基于外界的认可。我们该开始认清这些无中生有的看法了。我当时也是执迷不悟，现在我有一个重要愿望就是帮助妈妈们认识到，她们有的不只是一副皮囊！

3. 妈妈应该育儿有道

我不想在这个问题上引起争议，但我们教养孩子的方式有很多种。在我看来，没有一种方式完全适合或者完全不适合每个人、每个家庭和每家的孩子。刚开始做妈妈的时候，我期望自己能按照一种非常明确的方式去养孩子，然而仍不确定该如何去做。我不确定自己是从哪里得到这些信息的，也不知道这些信息是通过什么样的潜意识途径建立起来的，但我认为有一些方法是为人父母的正确方式。

新手妈妈时期的正确方式与我现在的育儿方式完全不同，这是一个不断发展的过程。但有趣的是，人们对父母应该怎么做的期望很高。凯特·哈伍德（Kate Harwood）、尼尔·麦克利恩（Neil McLean）和凯文·德金（Kevin Durkin）的研究发现，那些对育儿持乐观（或积极）态度的妈妈更有可能达到或超过这些期望。然而，当体验与期望呈负相关时，抑郁症状会更突出，人际适应能力也会更糟糕。这意味着，如果在即将为人父母时，你认为这段经历会很棒，事实也确实如此，那么你就会过得很开心。然而，如果你做了父母，事实却并没有你想象的那么好，这就会让你更有可能产生抑郁和焦虑情绪。为人父母理应如何的观念会影响妈妈们的心理健康。

还记得在第一章中，我说过新生儿时期会预示倦怠吧？这正是我要讲的意思。如果我们能够对养育子女抱以现实的期望，了解你的行为改变是多么正常，那么我们就不太可能最终陷入倦怠的境地。

我可以明确地说，我在初为人母时期望很高，期待着灿烂又平静的日子、大量的联络和游戏、轻松的母乳喂养和高质量的睡眠……你看，一切都是美好的憧憬。然而，我真希望有些问题，在我们开始这段旅程之前，我就已经问过了我丈夫，和他讨论过，这样情况就会变得简单得多。

我希望我们讨论过：

- 我们将来如何分担抚养孩子的责任？
- 我们可以获得哪些支持来帮助我们实现为人父母的期望和家庭理想？
- 我们希望在孩子身上培养出什么样的宗教／伦理／思想观念？
- 打孩子还是不打孩子？
- 如果父母双方都要工作，谁来照顾孩子比较合适？
- 对现在已经成年的我来说，理想的童年是什么样的？我们如何为自己的孩子创造这样的童年？
- 健康快乐的父母是什么样的？
- 健康快乐的孩子是什么样的？

● 我们如何与朋友和社会连接，如何与自己的正念连接？怎样才能维持我们的人际关系？

在我们开始育儿之旅前，将正念先发制人地带入其中，是一种摆脱"应该"枷锁的神奇方式。

最初的 6 ~ 8 周（或数月）很容易改变你的生活，夫妻共同制订一个计划（如果你独自养育孩子，也可以和你的亲友团一起制订计划）是非常重要的。如果我们能以一种开放的心态和思想来养育孩子，减少"应该"之事，那么你可以想象一下这会把我们引向何方。

4. 妈妈应该一直无私

好吧，这一点可能不需要太多的讨论，但是殉道者妈妈或者无私妈妈等观念，在社会期望中影响巨大。2015 年，拉扎勒斯（Lazarus）和罗苏（Rossouw）的一项研究发现，在生孩子之前，教育女性了解社会期望和自我期望是至关重要的，因为这些期望会影响自尊、抑郁、焦虑和压力的水平。我们对为人父母的预期及其实际情况，会影响我们的心理健康。

这里的不同之处在于，我们关注的不是养育孩子的过程，而是妈妈的无私精神对小宝宝爱的强烈程度的体现。对于不够无私而导致失败的自我审视是非常严重的。我们当前的卫生系统存在一个漏洞，如果孩子没有以"正常"的方式做事，很多人就会把责任归咎于妈妈，哪怕这位妈妈已经尽力了。按照社会期望，如果我们做了应该做的一切，我们的孩子也就自然上道了。

事实并非总是如此。

在我看来，殉道者妈妈现象（martyr mother phenomenon）在母子关系中对双方都无益。根据米科拉伊查克（Mikolajczak）和罗斯卡姆（Roskam）在 2020 年的研究，我们需要转移注意力，作为父母，不再只对孩子成长有个好结果而负责。我的意思是，《儿童权利公约》（Convention of the Rights of the Child）决定了我们的孩子"应该如何成长"，其甚至还称，当我们照顾自己、确保自己的幸福时，就会减少父母倦怠，从而有利于孩子的成长。

殉道式育儿会导致父母的疲惫和倦怠。新冠病毒大流行，进一步迫使父母为孩子付出一切，这样他们就不会受到变化的社会结构和生活巨变的影响。其实，我们忙于工作、为人父母和教育孩子，在这种无私的育儿范式中，总是把孩子放在第一位，而这对我们会造成极大损害。

你在努力生活却感到倦怠，这时为了健康和"自我"，你就需要做出改变了。

5. 妈妈不应该有自己的生活抱负或愿望，因为这会让她们变得自私

最后一点至关重要。我认为这点很重要，是因为这是我真正要克服的方面。一方面感觉自己很自私，另一方面又想做一些让自己内心快乐的事情，这真是一个艰难的抉择。是的，还有一点变化，女性在职场中愈发重要。澳大利亚的性别收入差距略有改

善。但是，没有人支持我们去做那些忙碌的职场妈妈喜欢或者为了生活而需要做的事情。我仍然不相信，我们因妈妈们的愿望和职业抱负的变化而在改变。

举个例子，我最好的朋友奥利维娅，在生孩子之前，拥有并经营着一家有多名医生的脊椎矫正诊所。她还是其他脊椎矫正诊所特许经营店的主管。当她有了三胞胎之后，大家都以为她会一心待在家里。尤其是因为她生的是三胞胎，人们认为，她现在的生活中，再没有比妈妈更有意义的角色了。

然而，等三个男孩出生、他们一家人很好地适应了新生活后，她就想着重返职场了。这是她的愿望也是她内心服务意识的体现。然而，这是不被社会认可的。这些社会期望真的会影响我们的为母之道。她选择了适合自己的道路，我为她感到骄傲。感谢她选择坚持自己的选择，重操旧业最初每周需要花上 4 ~ 5 个小时呢。

她的孩子们现在已经十几岁了，他们肯定没有因为她回去工作而受苦。有的人会说，她平衡得很好，这也证明一个女人在事业成功的同时，也可把孩子养育好。也就是说，一位妈妈可以拥有自己的企业、管理自己的员工，同时照顾好自己的家人。

然而，如果社会不给我们这些机会，我们该如何探索自我、重拾我们的使命、为我们的事业而奋斗呢？我们恐怕是没有办法的。哪怕我们只是有这样的想法，尤其是在初为人母的时候，就足以把我们定位为"坏妈妈"了。

　　这就是期望。它是对预期或想要的结果的认识，在妈妈的世界里司空见惯。我希望，在读这本书的过程中，你们可以摆脱期望的束缚，去探索你是谁、这意味着什么、看起来如何，去探索什么会让你在内心中歌唱，倾听真实的自己，在为人母的过程中收获成长。

⏳ 思考时间

● 花点时间思考一下人们对妈妈的这五种期望。你觉得这些期望是否会影响到你的为母之道？

● 如果你现在可以做出不同的选择，你会怎么做？

第三章　孕产期：从女性到妈妈

生孩子是女人到妈妈的身份转变：妈妈的诞生。

"孕产期"这个术语是我几年前才知道的，当时着实让我大吃一惊。当我开始钻研文献时——了解母性、育儿的意义，还有我们无意识地为他人付出自己时发生的健康变化——这个术语一次一次地出现。那一刻，我突然明白，这个术语完整涵盖了女性到妈妈的身份转变的过程。其实，当我们开始成为妈妈时，这种身份转变就自然而然地发生了，只是此前几代人并未命名这个变化。

这一变化会解锁我们内心一些不自知的东西，让我们去探索作为妈妈的未知自己。这一变化真实存在、触手可及。"孕产期"一词最早由人类学家达娜·拉斐尔（Dana Raphael）于1973年提出，哥伦比亚大学心理学家奥雷莉·阿森博士（Aurélie Athan）在她的网站上将其解释为：

一个发展阶段，在这个阶段中女性从孕前、怀孕和分娩过渡到产后及育儿期。孕产期的时间长度因人而异，会随着每个孩子的出生重复出现，还可能会持续一生！

阿森进一步将孕产期与青春期相类比，指出这种变化涉及多个领域——生理、心理、社会、政治等。我认为这很好地总结了这种转变。生理和心理上的急剧变化，使我们就像经历青春期一样发生飞速变化。

在本章中，我们将对孕产期进行探讨。埃米·泰勒·卡巴兹（Amy Taylor Kabbaz）是记者、研究员、作家以及教练，同时也是一位妈妈。她写过一本很棒的书，名叫《妈妈崛起》（*Mama Rising*），研究了这个话题。不过，为了达到我们的目的，我们只探讨一些简单的内容，使你知道如何做出选择，做出对自己有用的选择。我们将研究：

- 孕产期到底是什么
- 感旧生活（还有为什么它的的确确是正常的）
- 分娩前后正常的激素变化
- 妈妈内疚感
- 职场妈妈孕产期的内在转变

我相信，在本章结束时，你会明显感觉到自己内心发生的巨大变化，清楚意识到这些变化对你在妈妈世界中探寻"自我"之旅的影响！

什么是孕产期

孕产期是女性内在的一种深刻转变，当我们成为妈妈时，经常（但不总是）能感觉到这种转变在发生。这是一个"新自我"的崛起，也是一个"旧自我"的悲伤。正如我们将在本章中进一步探讨的那样，这种转变往往得不到承认，而内疚感和变化的元素也只被最低限度地探索、理解或支持。

与生理变化相比，伴随孕产期而来的心理变化方面被更多的研究。我们知道，从心理上讲，从女人到妈妈会产生巨大的身份认知转变。这从字面上听起来很简单，实际上却有很多因素会影响我们的孕产期体验。我是说，我们才刚刚从一个独立的女人变成被一个或几个小生命完全依赖的人。这个变化非常大。我们能不能花点时间承认一下这个事实！

达娜·拉斐尔是该领域的顶级人类学研究员，她探讨了这种转变为何不会在婴儿12个月大的时候神奇地结束（社会上通常认为，孩子12个月大时，妈妈就可以回去工作，恢复以前的生活，就像什么都没有改变一样），而是在妈妈的生命中持续影响。这种影响随着每个孩子的出生而变化，我认为它永远不会真正结束。对妈妈而言，这是一个成长仪式，不过一旦孩子出生，人们通常就只能看到我们支持孩子成长和发展的一面了。

作为妈妈，我们常把一大堆"以前"的东西带到这段新的旅程中。在"赋能妈妈"（*More to Mum*）博客上，美丽的路易丝·伊斯特（Louise East）详细地讨论了这一点。路易丝探讨了把过去的"自己"带入育儿之旅的概念，以及在成为妈妈之前所有能带给我们成功的事物——比如结构和动力——却会在我们成为妈妈后，让我们的日子雪上加霜。

当我在苏菲·布罗克博士的指导下进行执业医师认证时，她帮助我进一步发现了孕产期的妈妈角色及转变。这让我得以研究孕产期的相关概念，以及它如何从以下方面改变了我们的生活：

● 我们在孕前畅想种种故事、梦想和期望，并在怀孕期间将它们丰富或改动。这些理想情形源自我们对"好妈妈"的代际程式，在我们开始育儿之旅时，还能影响我们的思维。

● 我们过去在孕前讨论的话题，现在看来往往都空洞无用，因为产后讨论的都是睡眠、母乳喂养、婴儿活动和新交的"宝妈朋友"这些。

● 我们以前可能有一份对我们很重要的职业，现在我们的工作发生了变化。抽时间去工作可能变得困难重重，我们的财务状况也会受到相应影响。我们的自我价值观也可能变得大有不同。

● 我们现在有责任养活一个新生儿。光是这一件事就已经任重道远了！

● 激素的生理变化可能会创造出我们以前没有驾驭过的情绪。我们通常认为这些情绪是错误的，但事实上，这些都是初为人母的正常现象。它们会使人产生担心、焦虑、失望、内疚、恐

惧、愤怒和信心不足等情绪和感受。

● 我们可能会开始反思自己是如何被养育的，及其如何影响我们做选择。对代际育儿的认识、对我们如何下意识地接纳长辈育儿方式的认识——还有我们在自己育儿过程中所做的选择及其对后代的影响——对许多妈妈来说，都是一次大觉醒。

● 当了妈妈之后，我们看待世界的方式，以及世界看待我们的方式，都将永远地改变。

● 我们面临着"好妈妈"难题：在所有情况下都追求完美的结果，慢慢地弄清楚这种追求完美主义的执念，随着时间的推移，转而相信我们的直觉，以结束坏妈妈与好妈妈的斗争。

孕产期可能会令人困惑，在此期间，我们的自我认知、信念信仰以及外界对我们的看法等都会发生转变。这种转变常常被忽视，也基本上不会被提及。想象一下，如果我们开诚布公地讨论自己的经历，会给彼此带来多大的自由啊！

⌛ 思考时间

● 在你变身妈妈的诸多经历和感受中，最让你惊讶的是哪个方面？

● 如果你能回到过去，为了做好当妈妈的准备，你会对自己说些什么？

感伤旧生活

　　告别旧的你，迎接新的你，是一等一的大事。我们在世界上作为个体存在的自我意识，在孩子出生那一刻就被抛弃了，而这是我们绝对可以去追求的。我的意思是，我竭尽所能、拼命坚持自己选择的职业道路，只为了下意识地强调我在自己的圈子里仍然有所价值。这种未被承认的转型现实，及其对我们生活诸多元素的影响，需要更多地发声。在妈妈们初为人母时给予支持，让她们有空间去感受自己，表达自己的情绪，让她们在不喜欢这种改变时也能不感到难过——这是至关重要的。

　　带着一种积极的态度来看待自己对旧生活的感伤，可能会成就一种转变——让妈妈们在适当的时间"进入"妈妈模式，又在适当的时间"进入"工作模式。

　　根据我的经验，人们讨论的重点往往是羞耻观念和对妈妈体验感的质疑。在我们应该满怀爱意的时候，怎么会如此难过？在本该开始快乐新生活时，我们怎么在为过去的生活感到悲伤呢？我们把孩子都生了，怎么可能不知道接下来该怎么办呢？

　　然而，我们经常不明所以。

　　我们害怕寻求帮助。

　　我们正因为分娩带来的巨大转变而不知所措。

　　我们很痛苦。

　　我们觉得可喜可贺但又心力交瘁。

我们为过去的生活感到悲伤是很自然的。有时候我真想跳上自行车，骑去朋友家，整晚坐在那里喝香槟，什么也不操心。或者心情好的时候说走就走，临时乘坐飞机去参加一个会议，而不必为了参会先花精力把孩子安排妥当。

感伤旧生活没有什么大不了的，这是人之常情。社会期望妈妈能从她过去的生活状态迅速切换到几乎完全以小宝宝为中心的新生活状态，这种期望影响重大。其弦外之音就是说，如果你对当妈过程中的任何一点提出疑问，你就是一个坏妈妈，而这种观念仍然盛行。因激素变化而产生的那些情绪，也常被看作是懦弱的表现。有多少次，我们被告知这只是"产后抑郁"，我们能挺过去。

当然，在 21 世纪的今天，我们可以想出比这更好的对策。

我们需要和当妈妈的朋友们谈谈，讨论一下那些缺失的元素。讨论我们认为自己错过的东西，也要对困难之处坦诚相对。有了这些，或许我们就可以对时下这段自然而然的育儿经历注入一份感激之情。

在我们深入探讨这一观念时，我想在这里插句话，我承认并不是所有的妈妈都曾有过悲伤。事实上，有很多人是从一个完全不同的角度来探索她们的孕产期的：一个快乐、喜悦和自我拓展的角度。

我绝对尊重这样一个事实：作为女性，我们可以同时拥有这样两种经历——能感受到这种新生活带来的喜悦、乐趣和兴奋，偶尔也会感到新生活带来的失落。

需要注意的是，这种悲伤是我们为人母之旅的正常组成部分，它并不会让我们不配做妈妈。如果我们不承认它，它可能会演变成愤怒，而愤怒无法通过积极情绪来终结。在这种感觉出现时，我们就要把它解决掉。

别担心，我会全力支持你的。本书的第二部分和第三部分就涵盖了相关内容。我们将一起探索如何找回快乐、如何让自己从压力中解脱出来、如何重新找回我们的社会关系。现在，我只想让你们意识到这种自我转变并非易事。或许出于某种原因，这注定是件难事，因为养育孩子与妈妈身份、女性身份是两回事。承认这一点，特别是一个回归事业的职场妈妈，可能会因为不能一直待在家里而感到悲伤，这种挣扎是实实在在的，不过，你并不是一个人在战斗。

请记住，你创造了一个新的生命，但你也创造了一段通往新自我的旅程。我们满怀憧憬踏上这段旅程，却不知道它会是什么样子，也不知道自己会成为什么样的人。它可能真的令人生畏、让人兴奋、引人焦虑……一切皆有可能。

我记得有人告诉我——无论是通过时间潜移默化还是通过对话——没有比你第一次抱着自己的宝宝更强烈的爱的感觉了。一种突然迸发的爱会立刻让你成为一个了不起的妈妈，你会立即经历一种内在的变化。正常来讲都会这样，如果你没有这种反应，那么也许是你没准备好做妈妈，也许是你哪里做得不对。

我就没有那种反应。

我的分娩过程颇具挑战性，于是我并没有感受到母爱迸发。

我属于日久生情。

我觉得自己不是个好妈妈，因为我没有那么爱孩子。

我被这套说辞骗了。

我有很多朋友确实会瞬间迸发母爱，而有一些朋友却并没有那样。

我身边的人在很大程度上让我意识到自己并没有疯。

回想起来，我知道我的孕产期经历并不罕见。但是，我觉得自己是个失败者。我周围的女性群体让我觉得自己还可以，不过我过了一段时间才明白这一点。起初我不想谈论我的失败，但最终还是敞开了心扉。

不是所有人都能完美驾驭孕产期。人们往往认为我们对其已有所了解，实则不然，这种已知或未知的心理转变是巨大的。

⏳ 思考时间

● 你会因为当了妈妈感到难过吗？会因为失去了过去的生活而感到难过吗？

● 有没有哪件事能让你瞬间回到过去的生活？对我来说，一杯杜松子酒加奎宁水，再配上吵闹的舞曲，足矣。

激素变化

妈妈生理上或身体上的变化，可能与我们对做妈妈和自我意识的期望截然不同，与其结果也可能截然不同。在分娩过程中，我们会遇到四种关键的激素转变，在正常的自然分娩中，这些转变会影响到产后及新生儿期。在《生育激素生理：揭开自然分娩的神秘面纱》（*Executive summary of hormonal physiology of childbearing: evidence and implications for women, babies, and maternity care*）一书中，萨拉·巴克利（Sarah Buckley）探索了对生育影响深远的四大激素系统，即催产素、β-内啡肽类、肾上腺素及去甲肾上腺素（以及相关应激激素）和催乳素。

巴克利博士指出，生理变化（发生在体内的变化）"能为胎儿的出生做好准备，保障分娩安全，提高产程效率，缓解分娩压力和生理性疼痛，促进孕产妇和新生儿的过渡及妈妈角色适应，优化母乳喂养和母婴依恋等许多过程，进而促进有益于妇女和婴儿健康的结果"。

该研究简单概括就是，如果让女性在适当的时间自然分娩，我们就会更好地从生理上过渡到妈妈角色。这表明，我们的孕产期会受到分娩过程的影响。

我分享这些不是为了利用分娩方式来羞辱你，也不是为了让你因此感到难过。我的第一次分娩经历堪称一场噩梦！但如果我们对此有所了解，那么，在分娩状况不如意的时候，我们就可

以帮助自己、帮助孩子，改善我们与新生儿之间的母婴依恋。当时，我的第一次分娩经历可是经过好一番精心策划的。我做了所有"正确"的准备工作，然而为了让孩子顺利降生，最后仍然进行了大量的医疗干预、服用了大量的药物，还动用了产钳助产。我相信，这与我没有感受到期待已久的爱的迸发脱不了干系——在第二次怀孕自然分娩后，我确实感受到了那种爱的迸发。

从长远来看，这倒并没有影响我和孩子的关系、连接及我作为妈妈的自我意识，不过，由于这起初并不符合我对"好妈妈"分娩情形的期望，我曾在至少有一年的时间里对自己很失望。我们需要有意识地去打破这种桎梏，因为这会迫使妈妈们以羞耻感为基调来开启她们为人母的历程。

对我们孕产期转变的一个重要理解就是母婴二元关系。在前面提到的文章中，巴克利博士精彩地探讨了母婴相互关联又均需顺利过渡的生理机制。例如，肌肤接触是一种激素调节因素；对此，任何干扰都会影响妈妈和孩子的生理激素。

越来越多的人意识到，孕产期实际上是生理与心理的综合变化过程。在我接触的以妈妈为中心的圈子里，这日益成为一个热门话题。对那些个人预期与实际结果截然不同的孕产女性来说，她们的支持在哪里？她们顺利分娩、母子平安，可喜可贺。这并没有减轻分娩压力，也没有人去讨论那些没有达到的预期。很少有人能认识到，女性在人生关键期的重大转折中所表现出的复原力。

孕产期，可以如同惊涛一般摧毁海岸，不容一粒沙子安然无恙，也可以像小海浪一样轻抚宁静的海滩。

无论孕产期进展如何，都不是什么可耻的事情。在告别过去的"自己"时，我们感到悲伤是正常的。

认识孕产期以及妈妈群体之间进行对话的必要性，允许我们成长、强大并变成了不起的自己，是我们初为人母时能够拥抱快乐、自我扩展的关键途径。这是做妈妈的奇迹。为了我们自己和我们的群体，鼓励树立孕产期意识是至关重要的。

有机会以承认变化的方式重新定位我们的妈妈身份，并知道如何从中向前迈进，是健康为母的关键。但是，压抑孕产过程中可能出现的挫败感、羞耻感和内疚感，会对我们的健康造成影响。

⌛ 思考时间

● 你的分娩经历和你想象的一样吗？

● 你认为哪些方面再改善一下会使分娩体验更好？

妈妈内疚感

妈妈内疚感有一种不断给予的特质。我和妈妈、婆婆讨论后一致认为，在孩子离开家或长大后，这种内疚感也不一定会结束（很抱歉告诉大家这个现实）。我们承认这一点，有时也能够摆脱它，不过它总是不间断地回来，像极了那些带线网球。有时它会击中我们的后脑勺，有时会悄悄回来让我们大吃一惊，还有时候我们也能轻松将其击退。但是，除非线绳断开，否则我们无法真正摆脱它。

正如我在第二章中所解释的那样，社会期望我们能突然从尊重自己转为优先尊重他人，这是妈妈内疚感现象的罪魁祸首。正念心理学方面的研究员凯斯·沙利文博士（Cath Sullivan），在她题为《坏妈妈的内疚：英国女性杂志中"工作与生活平衡"的表述》（*Bad mum guilt: the representation of "work-life balance" in UK women's magazines*）的文章中，探讨了女性杂志在对妈妈内疚感去语境化中的作用，及其如何使妈妈内疚感变成个人问题。这种内疚感变成个人问题后，妈妈们只能强行忍受，因为劳动分工本身就是如此不均。这在现实生活中意味着，我们所说的"嘿，我很难过，因为我不想做一切与家务和妈妈有关的事儿，我想去工作"，应该被视为私人和个人的事情，不应该成为公开讨论的问题。

在孕产期找回"自我"是让我们充分表达生活感受的关键，

而"妈妈内疚感"可能会对此造成极大的阻碍。妈妈内疚感有时被视为一种荣誉的象征。我们都有过这种感受，对吧？这是我们当前环境下的终极"完美妈妈"迷思的表现。在《卫报》（*The Guardian*）中有一篇名为《父母陷阱》（*Parent trap*）的文章见解独到，作者埃利亚娜·格拉泽（Eliane Glaser）以一篇非常有力的声明开篇，"在世界范围内，有孩子的妇女工作劳累，收入过低，常感孤独。从分娩的硬膜外麻醉到奶瓶喂养，她们被迫对一切都感到内疚。解决这个问题是实现女权主义尚未完成的工作"。我对此深感赞同。

妈妈们在健康和生理上经历的倦怠，几乎总是可以追溯到其满足身边所有人需求的努力中。孕产期的本质应该是支持妈妈们开始做新事、继续做旧事，但是在我们生活的当代世界，它却通常被视为是强大或是懦弱的标志。这又是一个是否"以正确方式"做事的主观判断。

有一种理解是，妈妈内疚感现象源于男权驱动的相同成分，即只有当我们履行母职时，我们作为女性才最有价值。关于育儿和"熬过"早期育儿阶段，有太多有害的积极因素，其中没有一样真正有助于减轻妈妈内疚感。

让我们来分析一下。

在成为妈妈之前，有人跟你讲过他们以为哪些事你做不到或实现不了吗？

你每天做的哪些事是因为你应该这样做，而不是因为你想这

样做？

你在灵魂深处想做的事是什么？

你的为母经历与内疚负荷匹配吗？是否存在相差悬殊的情况？

在考虑妈妈内疚感的产生原因时，这些问题都引人深思。让人们意识到我们是如何陷入妈妈内疚感的泥淖，又该如何摆脱它，是我们孕产期阶段的重要课题。

⏳ 思考时间

● 花点时间思考一下上面的问题。你有妈妈内疚感吗？

● 它对你有什么影响？

职场妈妈孕产期的内在转变

有意识地引导人们认识孕产期给职场妈妈的生活带来的转变，使妈妈们能够成为其想要的样子，是我的一项重要使命。我希望，通过不断为当代的妈妈带来希望，让她们在家里得到更好的支持、站起来为自己和同伴发声、明白她们不是孤军奋战，我们能够开始重新定义妈妈身份。

为人母可以是光荣、健康、活力满满又无限奇妙的事情。有人告诉我们，当妈的过程很艰难（有时候，确实如此），会有挣扎（是的），要无限地付出爱（当然，但也不总是这样）。我们的探索之旅其目的就是要认识到，我们是正常且健康的人，有着正常且健康的孕产期，第一次经历孕产期是这样，以后也是如此。

我相信职场妈妈的孕产期不同于其他妈妈。对事业心比较强的大龄妈妈来讲，出现内疚感等潜在的心理健康问题的可能性会更高。

作为一个 A 型人格❶的人，真想在每件事情上都做到最好，学会放手去拥抱做妈妈的新鲜体验将是一件非常难的事；而讨好型人格的人（幸会，我举双手对号入座）往往倾向于做"正确"的事情。

当我们没有真相作为基础时，如何判断什么是"正确"的事情？拥抱这个艰难的决定，承认前路并不总是一帆风顺的，这是第一步，也是最艰难的一步，明白我们需要如何反周围人之道而行之，让母职经历秀出我们的风采！

把自己放在第一位，可能是探索孕产期最有力的方式。让我们一起加油吧，美丽的妈妈！

---

❶ 一种人格类型，以具有高水平的竞争意识、强烈的时间急迫感、较强的攻击性、强烈的成就努力等行为的集合为特征的人格倾向。——编者注

第四章 神奇的妈妈脑

神奇的脑回路有了改变，可以让作为妈妈的你养活孩子、增强母子间的联系。我们该重视了不起的神经学和了不起的自我了。

关于脊椎矫正师有一个鲜为人知的事实，那就是我们一般要花很多年时间去学习神经科学、大脑及神经系统的功能。虽然我们经常被人们看作脊柱生物力学大师——这点所言非虚——但实际上我想说，我们对人体精妙的主控系统的工作原理的掌握程度却经常被低估。

探索神奇的妈妈脑，虽然不是一个新话题，但是我心中的挚爱。我深谙大脑与人体神奇的恢复能力，也很清楚作为人类如何能够真正地从内到外治愈自己。因此忍不住想给你讲解一下，成为妈妈后，我们的大脑将如何转变。所以，即使你对这个话题不感兴趣，我也希望你能继续往下看。大脑是我们不可分割的一部分，了解其工作机制将有助于你充分理解本书的"行动"部分（第二、第三部分）。

在本章中，我们将探索大脑在我们养育子女和为人母过程中努力提供支持的方式。我们将揭示的要点有：

- 变化巨大的妈妈脑
- 活力、迷走神经与免疫功能
- 倦怠如何表现为大脑症状（以我为例）
- 帮助大脑找回活力

让我们一起来了解本章内容吧。在这一部分，我对自己多年收集的神奇大脑相关知识进行了超级简化，内容多少有些枯燥，不过希望它的呈现方式是你喜闻乐见的。阅读愉快！

变化巨大的妈妈脑

我记得在研究妈妈脑时——女性从怀孕直到产后阶段的大脑状态——一条基本线索是，做妈妈从本质上加剧了我们陷入糟糕状态。事实上，生孩子可能会让我们变得迟钝、无法集中注意力，影响我们以后的职业选择，让我们告别了最好的自己，离最好的自己远去。我知道这不可能是真的，因为，这怎么可能呢？我们的身体那么神奇，它非常清楚什么时候该做什么——为什么我们一旦怀孕、一旦有了孩子，它就突然不好使了呢？

为了进一步了解这一点，我参加了一门名叫"她的大脑"

走出母职困境

（*In Her Brain*）的精品课程，授课老师是我见过的在女性大脑领域知识极为渊博的神经科学家萨拉·麦凯（Sarah McKay）博士。她有一本深入研究女性大脑的书写得特别好，书名就叫作《女性大脑》（*The Women's Brain Book*）。这门课程也是一次对女性大脑的探索，当然了，我非常喜欢其中关于大脑在怀孕期间如何适应、如何变化的内容。

这一领域的大部分研究都是在啮齿动物身上进行的，因为它们的大脑功能机制与人类相似，相关研究为我们提供了一些超级简明的见解。这是一个相当大的话题，在这里，我的目标就是为你进行简单梳理。如果你想了解更多具体细节，我强烈建议你买一本麦凯博士的书，从头到尾读一遍。她的知识深度真是令人敬佩。

我将详细介绍妈妈脑惊人变化的关键点，让你了解我们的大脑有多棒，它如何帮助你追求美好时光，又如何不断运转为你提供支持。我知道我们妈妈们的发展可能，随着我开始支持自己及身边的妈妈成为我们理想的样子，我发现大脑的这种变化让生活完全充满希望。

我想分享的第一个关键点是，怀孕的时候，你的大脑不会抛弃你。孕脑的观念，或者说怀孕会变傻的说法，绝对是我想给你消除的一个偏见。

怀孕期间，我们神奇的大脑会完善其回路，以便更好地与我们未出生的孩子相连接。用麦凯的话说就是，"大脑皮层中与社会认知、移情和心理理论相关区域的灰质"减少了。这能让我们的大脑努力做好情感上的准备，一旦我们怀孕，就能读懂未出生的孩子的暗示。大脑从根本上全力确保我们能够扮演好妈妈角色。

所以说，我们的大脑并没有变笨——它只是转移了注意力中心。我喜欢将其解释为"注意力中心桶"。在成为妈妈之前，我们每天可以专注于很多不同的事情。我们可以专注于锻炼、专注于享受眼前的美味、专注于正在进行的谈话，以及专注于决定今晚吃什么。我们可以轻松转移注意力，清楚自己想要什么，也知道需要做什么来实现每天的目标。

一旦成为妈妈，我们就会发现，我们的注意力在不明所以的情况下就可以本能自动地关联到孩子身上。就在我写这一章的时候，我的脑子里还一直在担心我的儿子，他今天上午踢足球时受了一点小伤。这些念头不断地冒出来——这就是我的妈妈脑与孩子身上发生的事情存在本质连接的缘故。我的神经系统发生了转变，才会产生这种意识。

如果孩子出生之前，你在一个繁忙的环境中工作，你可能形成了惊人的认知能力（主动习得也好，被动习得也罢），以帮助你适应工作要求。根据神经科学家布拉德利·沃伊泰克（Bradley Voytek）的说法，由于我们的大脑大约有上千亿个神经元，并在一直不断努力适应我们的环境，它可能已经发生过一些变化。

你可能听说过"神经可塑性"这个词，指的是大脑通过形

成新的神经连接而不断变化的能力。肯德拉·彻丽（Kendra Cherry）和沙欣·拉坎（Shaheen Lakhan）讨论了两种主要类型的神经可塑性：结构可塑性和功能可塑性。结构可塑性是通过学习新事物来改变大脑的结构，而功能可塑性是指大脑将功能从受损区域转移到未受损区域。如果你对功能性神经可塑性感兴趣，我强烈推荐两本深入探讨这一主题的书：精神病学家、精神分析学家诺曼·多伊奇（Norman Doidge）的《自我改变的大脑》（*The Brain That Changes Itself*）和神经学家奥利弗·萨克斯（Oliver Sacks）的《错把妻子当帽子》（*The Man Who Mistook His Wife for a Hat*）。也许随着时间的推移，你那神奇的大脑已经因为你所做的工作而改变了功能，于是你变得非常擅长你的工作。

想象一下，当我们变身妈妈时，能否使我们的大脑像这样改变其功能。以上概述的研究基本上告诉我们，大脑会预先进行自我组织，以保证孕期和产后期的成功和机能。也就是说，如果你是一个喜欢在办大事之前把一切都准备得井井有条的人，那么你就可以放心了，因为你的大脑就是你的后盾！我们成为妈妈时，能这样真是太棒了。长久以来，我们一直被灌输这样的观念：我们会长孕脑和婴儿脑，变化后的大脑会影响我们的智慧，导致我们下意识地低估自己的个人价值和能力价值。

作为妈妈，我们常常觉得自己的生活就像打开了 1000 个标签页。萨拉·麦凯博士引用戴夫·格拉坦（Dave Grattan）教授的话称，在孕期和产后期，我们的大脑变得适应提高认知能力（学习能力），因为"大脑中充满了让人感觉良好的化学物质催产素和催乳素，认知增强雌激素水平比正常水平高出约 1000 倍"。

认识到我们大脑中发生的惊人变化，以及我们在怀孕期间神经系统是如何改变的，这是第一步。第二步是进一步认识到这不会影响我们坚持自我的能力，不会影响我们的智慧，也不会影响我们潜在的工作选择。对全世界的女性来说，这种理解上的巨大变化是向前迈进的一大步。

⏳ 思考时间

● 在你对"妈妈脑"的了解中，最能说明问题的是什么？

● 你会在哪些方面感谢这些神经系统的变化？

● 你现在能感觉到你的大脑在哪些方面完美地适应了你的妈妈角色和育儿之旅？

活力、迷走神经与自主神经系统

从神经学上讲，人体可以分为两个不同的系统或者部分：中枢神经系统和周围神经系统。这些奇妙的系统紧密结合在一起，

支持着我们的各种身体机能，使我们能够运动、睡眠、消化食物，进行一切保证生存的人类活动。周围神经系统中还有一个独立的系统叫作自主神经系统。这是调节我们生理（记住，这意味着"身体"）的部分，也是无法人为控制的部分——如果你读过一些这方面的内容，就会知道这些通常被称为非自愿的过程。正是这部分神经系统的自主运行，保证着我们日复一日的生存。我们的呼吸、消化、心跳和泵血、胃动力……你懂的，它非常重要。

当我反思这个系统的重要性及其如何通过各项功能保证我们的生存时，我的眼眶有点湿润了。我在想，它是如何在我们一出生时，就让我们知道要自主地大吸一口气的呢？如果我们生在水中，它又是如何知道直到我们被抱离水盆才能大吸那口气的呢？我认为，它真的配得上所有荣誉。

自主神经系统

自主神经系统有两个组成部分：交感神经系统和副交感神经系统。这两个系统很重要，我将为你进行简要的介绍。

交感神经系统

这是我们的恐惧／逃跑／冻结系统：负责在压力及恐惧状态下帮助人体做出应激反应。

当我们受刺激过大、原地停摆时，其作用就很明显。冻结状态可以类比成一种倦怠形式，在这种状态下我们什么都思考不了，也做不了什么决定。

一直处于交感神经兴奋的状态会让我们陷入慢性压力状态。这个时候，我们会出现一些生理变化，比如心率持续过高、摄氧率增加、消化能力下降、生育能力下降诸如此类。有一本写得很不错的书，我想推荐给正经历这种状态或担心自己陷入这种状态的妈妈。那就是韦恩·托德（Wayne Todd）博士所著的《交感神经支配方案》（*SD Protocol*）。他推荐了一种重置人体系统的绝妙方法。莉比·韦弗（Libby Weaver）博士也有一部优秀作品值得参考，书名叫《冲刺女人综合征》（*Rushing Woman's Syndrome*）——这绝对是我最喜欢的书之一。

这些书详细讨论了紧迫感和慢性压力对我们生活的影响。（我将在下一章中深入探讨压力问题）

副交感神经系统

副交感神经系统负责对人体的放松、休息和进食状态做出反应。

这些系统都是了不起的家伙，它们能让我们冷静、恢复心情，让我们连接到自己的直觉状态。读到这里，你可能会想，是的，我想永远保持这种状态。然而，交感神经和副交感神经是一

种相互制约的关系：人体在两者的作用之下游走变化。有了这两种状态的切换，我们才能保持健康。我喜欢副交感神经带来的平静时光，但也喜欢交感神经带来的动感时间。保持二者之间的平衡能够对我们这些妈妈的生活产生莫大的影响。

迷走神经

你需要了解迷走神经在调节、影响我们神奇的妈妈脑中所起的作用。迷走神经负责调节内部器官的功能，在我们休息和放松时，它在控制人体反应方面发挥着巨大的作用。

迷走神经是我们对抗压力的秘密武器，它将交感神经和副交感神经连接在一起，使我们能够破解大脑信息。作为妈妈，能够轻松地让自己平静下来，在事情一股脑儿冒出来时能够找回自我意识，是一项伟大的技能。

我经常看到——在行医过程中见过，也在我自己身上见过——迷走神经作为一种工具，能够把安全感和自我意识传回大脑。迷走神经有一种神奇的能力，就是将周围环境的信息迅速传回大脑。大脑确认一切都运转良好才有安全感，它认为身体机能正常才算是安全的信号。从消化系统、心脏及肺部到大脑的迷走神经传感回路，对于保持冷静的妈妈脑状态意义重大。

这可能听起来比较抽象，不过请跟我往下看。我和我的迷走神经有这样一个小故事。2020 年年初，有一次，我和儿子激情拥抱时，不小心被他用头撞到了。对，你知道那是怎么撞的吧：就是撞到下巴上，头猛然后晃。我立刻感到脸上一阵刺痛，当时以为这种痛感会很快过去的，但事实却并非如此。

不久，我就去做了检查，进行了调整，症状减轻，我以为这事就算过去了。

后来，又出事儿了，我的体重随之迅速增加了 10 千克，面部也发生了很多变化。我本以为自己得了脑下垂体瘤或者某种奇怪的多发性硬化症。我把能做的检查做了个遍——都没问题，真是谢天谢地。然而，这些症状依然在。

最后我发现，在出现这些症状的同时，我还长了一种讨厌的肠道寄生虫，而所有症状都与压力有关。没错，压力。不是那种你认为会成问题的大压力，也不是单枪匹马就能让你停下来真正理解压力是什么的某一件事儿。不是这些，而是那种悄无声息的慢性压力。它会悄悄缠上你，持续不断向你施压，然后潜藏在身体系统的各个层面之下，你以为自己的生活完好无损，实际上却已经摇摇欲坠。至少，身体状态已经有问题了。

我认为这就是职场妈妈倦怠的典型表现。全面照顾所有人产生的压力，像温水煮青蛙一样消耗着我。表面上看，这并没有影响我的健康，直到其影响暴露出来。

我是如何治愈的？又是如何从倦态中恢复过来的呢？我可是在交感神经支配、肠道健康和迷走神经方面下了很大功夫。在下一章中，我将探讨倦怠和压力究竟是如何影响我们的健康的。接

下来，我们将学习一些可在遭受重压后用于恢复健康的小技巧。我会分享一些我的健康秘诀，希望你也能治愈自己。你天生具备自我治愈的能力，只需要在忙到离谱的母职工作中释放自己的潜能就好！

我们再回来说说迷走神经。迷走神经是我们脑干中的一种脑神经——实际上是第 10 对脑神经——它专门连接自主神经系统的副交感神经（即起镇静作用的一方），会影响我们的情绪控制、免疫反应、消化和心率。迷走神经从颈部顶端纵贯胸腔进入腹部。布雷特（Breit）等的研究证实，我们每个人都有的"直觉"都与迷走神经有关。看吧，这可不是捕风捉影！

我们从研究中了解到，迷走神经通路功能障碍可能导致肥胖、焦虑、发音困难、情绪障碍、心率异常、胃肠不适及炎症。迷走神经是如何影响你的健康的呢？我知道在我健康状况最差的时候，出现了肥胖、焦虑症状，心率也受到了影响。我的肠道问题是由寄生虫引起的，不过谁又能说得准迷走神经功能障碍是否加剧了这一情况呢。具体情况难以估量，却总能激起我的好奇心。

你可以想象，那种通过迷走神经影响副交感神经功能（起镇静作用的系统）的能力，绝对是可以改变生命的。我已经找到了10 种方法来实现这一点，但并不是所有方法都适合每个人。你可能跟我一样，偏爱其中某一种方式，而它能帮你迅速达到平静的状态。也可能你会发现其中几种方式组合起来对你比较适用，选择权在你。在此，我会把这些方式列出来供你参考，不过我们将在第五章探讨它们如何改善人的活力，因为它们对倦怠和压力后的康复影响巨大。

我的 10 个小技巧有：

（1）冷水浸泡

（2）歌唱或吟唱

（3）瑜伽

（4）冥想

（5）积极想法与社交连接

（6）深呼吸、缓慢呼吸

（7）大笑

（8）益生菌与肠道健康

（9）锻炼

（10）按摩

减轻你的压力，使你能够得以治愈，这是我希望能够为你做的最棒的事情之一。你的大脑和神经系统非常强大，我告诉你这些，期待你做出内部改变，我迫不及待地想看到你静如处子，动如脱兔！

⏳ 思考时间

● 你是否感觉有一部分神经系统功能失调？

- 你的这种情况是如何形成的?
- 你感觉你的迷走神经功能健全吗?
- 10个小技巧中哪一个最适合你?

帮助大脑找回活力

本书的第二部分和第三部分专门讲解工具部分,帮助活跃大脑功能,以一种最佳状态运转扮演好妈妈角色,而更重要的则是为了你自身的福祉。正如我们在本章中所了解到的,大脑是真正的功能中心。学习如何摆脱男权社会的育儿局限、拥有一个健康的大脑,是改变职业妈妈生活的绝佳途径。

为保持大脑健康运转,我们知道有三个关键要素:

- 葡萄糖
- 水分
- 运动

葡萄糖与水分

这看起来很简单,对吧?食物中的葡萄糖——不是糖果,而是从营养丰富的食物中分解的有益糖分(这一点非常重要,我在

第二部分用了整整一章讲解营养）。

正如美国神经外科医生伊姆兰·法亚兹（Imran Fayaz）博士断言的那样，水是大脑发挥积极功能的基本要素，即使大脑水合作用下降 2% 也会导致认知迟缓，长期的脱水状态会导致神经元萎缩（就像我们都要喝水一样）。脱水的症状有：

● 抑郁

● 午后疲劳

● 睡眠问题

● 无法集中注意力

● 头脑不清晰或脑雾

我相信你们都至少经历过其中一种症状。你知道这些可能是由脱水引起的吗？有些时候，特别是我整天行医的时候，如果没准备好水瓶，只是在患者往来间匆匆忙忙拿起来喝一口，那我的饮水量就根本不够。等我回家后，运气好的话才能凑齐 1 升水。

有时候，我会在一天结束的时候吃糖来补充能量，或者喝点酒来让自己进入平静的状态。我想知道其中有多少是因为大脑渴望更多水分，或渴望更多神经上的输入信号（使大脑清醒）来保持其自身的正常运转。我总在来就诊的妈妈中看到这种情况：缺乏水分，导致她们为使大脑得到所需刺激、让自己保持

照顾家庭的"就绪"状态而做出错误的选择，这是相当普遍的现象。

运动

运动对大脑的正常运转至关重要。在哈佛健康网站的一篇文章中，斯里尼·皮利（Srini Pillay）博士探讨了运动如何影响心理健康。在我们感到沮丧时，尤其如此；事实上，对一些人来说，运动和药物一样有效。大脑发育研究员雷德·穆阿勒姆（Raed Mualem）等人的一项研究表明，运动可以提高认知能力和学习技能，研究还发现，对于学业表现差的学生，运动可以提高成绩。从大脑与运动关联研究领域世界顶级权威约翰·瑞迪（John Ratey）和世界知名表现心理学家詹姆斯·罗尔（James Loehr）的文献中，我们还了解到，运动对大脑功能的积极影响不仅限于学业成绩，而且贯穿整个成年期。他们的研究强调了运动如何改善额叶介导的认知过程，如计划、调度、抑制和工作记忆。我不知道你怎么想，反正这些让我这个妈妈听起来是松了一口气。运动实际上可以使大脑受益，并有助于生活中一些其他困难情况的改善，在我看来这真是一举两得。

拥抱活力

将我在此处概述的大脑健康要素与我们的内在活力联系起来，就可以理解大脑如何帮助我们在家庭生活与职场生活中发挥作用了。如果想使倦怠趋势继续下降，避开无时无刻不存在的疲劳和压力至关重要。

活力有两个定义，两者都与当今社会环境下的妈妈们直接相关：

- 健壮、活跃、精力充沛的状态
- 所有生物体都具备的生存能力

我喜欢这些含义。如果在与孩子、丈夫及自己相处的过程中，我都能保持身体健壮、身心活跃，我可真是要欢呼了！那我算是中了生活彩票了。从更深的层面上讲，如果我以某种方式成功释放出了体内的力量，而这种力量能给予我一种生命意识，那也太棒了吧！

由于大脑是我们整个人体的主控制系统，了解如何能影响它，就可以有意识地去改变人体的内部活力，转而就可以去改善我们在外部环境中的活力。

随着我们开始掌握健康妈妈的五大支柱，理解内在自我对健康的重要性，我们就可以将活力和大脑功能的概念摆在首要位置。通过改善营养、增加饮水量和运动量，进而改善大脑功能，就能轻松获得健康，改善生活状态。让我们用这些知识来改善自己的当妈体验，使之轻松无压力吧。

● 想一想，健康大脑功能的三个关键要素中，你缺乏哪一个？你有什么症状？此时，你的大脑健康状况如何？

● 你现在可以使用哪些简单的工具来提高自己的活力？

● 对你来说，什么是至关重要的？

第五章　现代妈妈的压力与倦怠

现代母职角色正造就着一代又一代压力巨大、不堪重负、身心疲惫的妈妈，我们应该重新找回妈妈身份和"自我"来拯救我们的家庭、社区和世界。

压力是现代妈妈生活中最大的难题之一。我们生活在一个人人都很忙碌的环境中。由于手机、手表不停响着吸引我们的注意力（除非我们记得关掉所有设备并拔掉电源），传统的休息时间几乎不存在了。

我们的大脑并不是天生就一直处于"开机"模式。正如前一章所探讨的，我们需要在交感神经和副交感神经系统之间保持平衡，这样才能保持健康和活力。一直处于"开机"状态，意味着我们的恐惧 / 逃跑 / 冻结系统占据主导地位。随着社会转向高科技与互联导向型的生活，我们发现自己无休止地查找着下一个通知，无休止地滚动屏幕确保不会错过任何消息，无休止地将自己与另一个国家的妈妈进行比较。

在本章中，我们将探讨压力对妈妈的影响及其如何导致倦

走出母职困境

怠。在本章结束时，我希望你能很好地理解：

- 自己身上的压力迹象
- 找回平静状态的小技巧
- 慢性压力如何影响着我们
- 创伤及其对我们的影响
- 母职倦怠（以及我们是如何陷入这一境地的）

认识压力和倦怠

关于如何管理压力和倦怠，这一章不会给你答案（相关内容很快将在后文展现）。我希望在这里能让你理解压力及其对身体的影响，这样当情况发生变化时，你就会有透过现象看本质的认识，这就是其重要的原因！

作为妈妈，我们要应对无数新信息。电子邮件、日程变化、家校沟通、游玩日期，以及体育和艺术任务，诸如此类。我们还要承担家务和做好我们自己的本职工作，我们总是处于"在线"忙碌状态。

我们已经忘了如何停下来喘口气，忘了如何将我们的压力模式转换到我们极其渴望的模式："关机"模式。为了让我们转换到最健康的状态，彻底改善健康状况，找到有社交连接的自我，我们需要：

- 停下

- 呼吸

- 平静下来

- 切断连接

- 重建连接

- 玩耍

- 放松

- 做一些我们喜欢的事情（比如培养一项爱好）

在我成长的年代，《欲望都市》（*Sex and the City*）是一部很火的电视剧。如果你还没看过这部剧，那就帮你自己一个忙，去看看吧，非常精彩。该剧讲述了 4 位 30 多岁的性格坚毅的女主人公在纽约的精彩人生：恋爱、婚姻、事业、孩子、性和癌症。

剧透来了：在第六季结束时，主角凯莉为了和一个男人在一起，搬去了巴黎，其中的原因有两点：她觉得是时候这样做了，她所有的朋友都在纽约各自忙碌着，而她是最后一个原地踏步的人。讽刺的是，她后来又回到纽约寻找她一生的挚爱，大先生。

凯莉搬到另一个国家去追求自以为是的理想，抛弃了自己内心所爱——大先生和纽约——我不禁想，她的情况完全可以联系到今天的妈妈们的经历。我们做了很多自认为应该做的事情，因

为世人认为这些是理所应当的"正确的事情"。然而，如果我们知道如何回归对自己内心和生命而言真正有意义的事情，我们就能够重获生活中失去的平衡。

依我看，当今妈妈们身上很多压力都集中在"迷失自我"的感觉上，这种感觉我们无法确切地说出来。再加上没完没了的待办事项清单导致的倦怠，总是来也匆匆，去也匆匆，认为自己必须在所有的待办勾选框上打钩，这就难怪当下我们的妈妈身份越来越破碎。

⌛ 思考时间

- 你上一次享受内心平静的个人空间是什么时候？
- 这种情景让你感觉如何？
- 你希望这种情况多久发生一次？
- 那对你来说意味着什么？

慢性压力如何影响着妈妈们

众所周知，慢性压力会对我们的健康和幸福产生负面影响。我们的身体可以通过释放应激激素来应对急性压力。神经和激素信号共同作用，促使我们的肾上腺释放肾上腺素和皮质醇（这些就是我们的应激激素）。

对我们来说，这就意味着心率加快、血压升高，肾上腺素促使能量供应增加，让我们做好应对压力的准备。皮质醇会增加血液中的含糖量，增强大脑对葡萄糖的吸收，抑制不必要产生的恐惧 / 逃跑 / 冻结反应。所有这些都会抑制消化系统、生殖系统和生长进程。这可不太好。

神奇的是，这还能控制情绪。我不知道你怎么想，但是我认为，做妈妈（通常也包括怀孕）会造成一定程度的、前所未有的慢性压力。你除了同意，还是同意吧？澳大利亚围产期焦虑和抑郁服务机构（Perinatal Anxiety & Depression Australia，PANDA）的数据显示，在澳大利亚，多达七分之一的新手妈妈及约十分之一的新手爸爸经历过产后抑郁。

我们也知道，慢性压力会使人面临诸多健康问题的风险大大增加，包括：

- 焦虑
- 抑郁
- 消化问题
- 头痛
- 心脏病
- 睡眠问题
- 体重增加

● 记忆力和注意力障碍

此外，众所周知，怀孕期间母体的压力会对胎儿造成影响。在一篇研究孕期母体压力和儿童早期发育的文章中，马蒂亚斯·贝瑟隆（Matias Berthelon）等观察到母体压力可能会影响胎儿的发育。更重要的是，从怀孕开始，生命的前 1000 天对孩子发育非常重要，会对其认知（学习）和非认知能力产生影响。与未受到母体压力的孩子相比，在子宫内受到过母体压力的孩子在两岁时发育水平较低，认知能力较差，注意力问题也较多。如果能够通过增强意识和提高技能来减轻母体压力、应对社会期望，那么我们就可以积极改善未来数代孩子的人生。那将多么棒呀！

根据澳大利亚家庭研究学会（Australian Institute of Family Studies，AIFS）的数据，父母双方都有工作的比例稳步上升，从 1996 年的 53% 上升到 2016 年的 61%。据估计，2002—2015 年，爸爸们平均每周工作 75 小时，其中带薪工作 46 小时，做家务 16 小时，照顾孩子 13 小时。妈妈们平均每周工作 77 小时，其中带薪工作 20 小时，做家务 30 小时，照顾孩子 27 小时。从这些数据中我们可以看到，早年育儿的"负担"通常都落在了妈妈身上。

上次，我做了一个研究来评估自己一周的时间都花在哪里了，我发现自己每周至少——是的，至少——有 35 个小时在做家务或者育儿，还包括往返于运动场所的驾车时间。这是在我每周工作 30 ~ 40 个小时，并尝试锻炼 5 ~ 7 个小时的基础上完成的。难怪我会陷入倦怠的境地。

作为生活在这种压力之下的妈妈，我们需要有一种意识。通过把正念、存在感和社会连接带入生活，我们可以做出一些不同的选择。这样做不仅是为了孩子，更是为了我们自己、我们的伴侣、社群和社区。

社会连接是我们真正追求的东西。有趣的是，在行医过程中，我经常见到一些感到孤独、脱离社交的妈妈，她们在生孩子之前没有过这种体验。我和同事把对"乡村"、连接度和社会连接的理解作为健康的关键支柱，我们喜欢打造社交空间和社区空间，避免孤独蔓延对妈妈造成伤害。

我与其他业内人士合作，支持妈妈们克服导致倦怠和健康状况不良的慢性压力因素，我们主要关注以下几点：

- 呼吸训练
- 运动
- 户外时间
- 水分和营养
- 社会连接

我们将深入研究健康妈妈的五大支柱，为你的健康护航，支持你克服极端压力和倦怠。我知道，给你再加一件事可能会让你

感到不堪重负，加上意识到社会正驱使你做"应该"做的事，而不是需要做的事。

⏳ 思考时间

- 当前，慢性压力是如何影响你的健康的？
- 你想怎样摆脱它？

妈妈身份与创伤

如果不触及创伤，我就无法写出一本书来。我绝不是创伤专家，但我确实了解一些神经学方面的内容，比如创伤如何嵌入我们的神经系统，接下来又如何透过身体影响我们的心理健康和日常生活。

如果你在创伤方面需要支持，我建议你去找专业的创伤咨询师、心理医生等，他们可以指导你克服创伤对神经系统和身体的影响。一对一的支持对治愈创伤至关重要。我希望本章的这一部分能够帮你打开思路，在必要时引导你走向治愈之路。

创伤定义为一种极度痛苦、令人不安的经历或者一种身体伤害。我想，多年来，人们已经对创伤的物理要素有些了解：肉眼可见的伤害，已经发生的具体事件。支持人员对这类事件的反应通常是积极的，因为它们是有形的事件。这种支持在一个人身上产生的连锁反应可能是巨大的，其在神经上产生的积极作用可能会改变人的一生。

在创伤的范畴内，难以理解的是一个人的日常生活或情感经历：那些可以塑造他们的人生经历和世界观。我们可以看到，创伤多发生在人遭遇了重大事件后——往往以创伤后应激障碍的形式出现。

不过，在这种重大经历中，也存在一种创伤暗流，随着时间的推移，它会造成神经系统的变化。根据美国药物滥用治疗中心（the US Center for Substance Abuse Treatment）的说法，不管创伤是由自然事件还是人为因素造成的，都会影响我们对创伤的反应方式。如果是人为创伤，那么其对我们情感和行为的影响会更大。如果是大型事件或人为因素造成的创伤，我们通常会在事发后很快得到援助。然而，我们对较小创伤或长期创伤（如新冠病毒大流行的影响）的神经系统影响了解有限。我们可以认为它起初只是一种自然创伤，不过随着时间的推移，我们社区持续出现的不和、愤怒，都可以在神经学上被视作人为创伤。

这给我们这些居家办公、教育孩子、经营生活，以及应对新冠病毒大流行中所有未知问题的妈妈带来了什么影响，谁也说不准。其与倦怠、神经疲劳和不断出现的健康问题之间的关系，是我们在未来一二十年里要去弄明白的事。

创伤可以分为三个不同的类别：自然创伤，意外 / 灾难和故

意行为。故意行为在创伤经历中造成的压力源影响最大。在《创伤知情护理》(*Trauma-Informed Care*) 一书中，阿曼达·埃文斯 (Amanda Evans) 和帕特里西娅·科科玛 (Patricia Coccoma) 将故意行为列为纵火、恐怖主义、性侵、杀人、暴动或骚乱、肉体虐待、刺伤、战争、家庭暴力、校园暴力等。作为一种全球性流行病，新冠病毒及其压力源符合自然原因的范畴；然而，我们当地社区抗议、暴动等与之相关的一些行为，也可以归入故意行为的范畴。无论如何，意识到我们日常生活工作中的压力是至关重要的。

弹性桶

随着时间的推移，妈妈们，尤其是那些孩子有特殊需求或者生活环境不稳定、整天提心吊胆小心翼翼、不断受到创伤的妈妈，无疑会在神经上受到影响。即使你不属于以上情况，那么你是否曾感觉一天或者一周都过得很糟糕，一件微不足道的事情就让你崩溃？

压力过大，溢出桶外的"妈妈爆炸点"

压力增大，我们向顶部移动

弹性桶内的正常水平

生气引起的"妈妈内疚感小水洼"

我将其称为弹性桶。它将我们日常的创伤和神经状态结合起来。我们不断用小问题、认知问题及其他外在现象将其填满，而又无法拔去底部漏洞的活塞将这些排出去，最终桶就会过满——这时我们就要崩溃了。这种情况可能源自慢性、轻度创伤事件；可能源自新冠病毒大流行期间不断出现的未知因素；可能源自孩子们一再地嚷嚷和苛求；也可能源自平衡工作生活与每一件不得不做的事情。

作为妈妈，我们需要学会拔出自己弹力桶的活塞。意识到我们的能量、价值和需求，然后寻找一群女性创建我们的支持网络，这样我们就能增益大脑、增进健康、增强活力、更加自爱。

我们知道大脑超级神奇。著名作家、演说家、研究员及脊椎矫正师乔·迪斯派尼兹（Joe Dispenza）在他的开创性著作《打破自己的存在习惯》（*Breaking the Habit of Being Yourself*）中断言，对一种经历的情绪反应越强烈，它产生的影响就越大。这在现实生活中就意味着，发生的"事情"越大，我们对它的反应越大，大脑对这种"事情"的反应就越能形成一种固化或者固定的神经通路。这会进一步创建一个已知回路，下一次遇到重大事件时，你那神奇的大脑就会记起之前的情绪反应，再次做出同样的反应。

从根本上讲，它会回到已知回路中，产生类似的反应。迪斯派尼兹说，突破在于缩短了这种反应在神经系统中的不应期。通过认识人体反应，有意识地减少对神经系统的刺激，随着时间的推移，我们就可以改变对已知事件或创伤的应激反应。

走出母职困境

这与我前边讲的知道何时、如何拔出弹性桶的活塞的观念相类似。根据美国压力研究所（AIS）的数据，33%的人表示感受到极端压力，77%的人经历着影响身体健康的压力，73%的人面临影响心理健康的压力。

美国压力研究所指出，压力最高的四种主要人口特征或人口类型是：

- 少数族裔
- 女性
- 单身父母
- 负责照顾家庭的人

通过这些统计数据，我们就可以了解，作为妈妈，我们是如何将自己的身体调节到一种恐惧和高度应激反应状态的。认识到这一点，我们就能明白压力对自身复原力、热情、平静和健康的影响。我想让你收获的，正是学习和应用相关工具以便拔掉弹性桶的活塞。在我的帮助下，你将掌控自己的弹性桶。

⏳ 思考时间

- 你的最大压力源有哪些？
- 你对这些压力源的身体反应是什么？

- 你对这些压力源的情绪反应是什么？
- 对于这些压力源，你最喜欢的应激反应是什么？

母职倦怠

母职倦怠正成为越来越普遍的问题。在新冠疫情期间，人们感受到的慢性压力及做出的巨大调整，影响了未来数年从压力中恢复过来的能力。世界卫生组织（WHO）将职业倦怠定义为：

由于长期的工作压力没有得到有效管理而引起的一种综合征。其特点有三个方面：

- 感到精力耗尽或精疲力竭
- 与工作的心理距离增加，对工作产生消极、怀疑的情绪
- 职业效能感降低

世界卫生组织补充称，这一定义专指职业环境中的压力，而不是生活中的其他领域产生的压力。

我发现，非常有趣的是，这种分类专门与导致倦怠的职业压力有关。我想幸运的是育儿也是工作，所以从很大程度上来讲，妈妈们身兼双职！

 走出母职困境

让我们从妈妈的角度来审视一下世界卫生组织关于职业倦怠的三个特点：

● 感到精力耗尽或精疲力竭。这些绝对是育儿和做妈妈的重要组成部分。它们影响睡眠，导致慢性"疲惫"状态，使人难以获得维持运转所需的能量，还可能会出现在职场妈妈人生各种不同的阶段。出现这些感觉，我们就要转向依靠咖啡因和糖来维持生存的模式了。

● 产生工作距离感。具体来说，我们经常把心理上与孩子或工作保持距离视为产后抑郁症的表现因素。如果这种表现是妈妈们产生倦怠的一个显著要素呢？如果我们即将踏上一条不归路，而克服消极或愤世嫉俗的情绪需要支持，那该怎么办？由于身兼两职，我们可能会在倦怠情绪中产生妈妈内疚感。如果得不到所需的支持和方法，妈妈们真的会怀疑自己以及自己所处的位置。

● 职业效能感降低。在那些因照顾小宝宝而没睡够觉的日子里，去上班还要表现得很专业是非常困难的。在世界卫生组织的表述里，我想是在暗示职业效能感的一种持续变化。如果你像我一样，每周要做 30 ~ 40 个小时的职场工作，每周还要做 30 ~ 40 个小时的妈妈工作，其中一项工作的职业效能下降的可能性就会很高。

世界卫生组织显然已将各种资源用于解决人们日益关注的工

作过劳和职业倦怠及其对全球健康的影响。可能有些人读了相关准则后，认为自己不符合"过劳"这一分类。在这里，我要告诉你，也许你工作的时间比你想象的要多，这很可能就是问题所在。

母职倦怠的十大原因

几年前，我的一位顾问布兰迪·麦克唐纳——她是一名社会福利工作者，也是一名与脊医打交道的创伤知情咨询师——写了一篇关于脊医是如何在医疗行业产生职业倦怠的文章。这触动了我内心，我以此为基础论述了妈妈也会产生倦怠的十大原因。感谢布兰迪给了我极大的鼓励，让我开始了这一次的写作之旅，让我发现了如何支持自己和身处同样境地的其他人。

以下是我总结的母职倦怠十大原因。

1. 煮蛙效应

它是这样悄悄缠上我们的：我们从容忍自己低级的行为开始，因为这种行为看起来微不足道。我们被驱使承担家庭工作，被驱使按照某种定式去做妈妈、去工作。在日常生活中，我们总是来来回回忙个不停，这使我们所在的锅中的水慢慢变热，最终变成一锅沸水，我们再也无法逃脱。

2. 行动错位

我们的行为方式不匹配自己想要实践的育儿方式——我们想成为的样子——于是说服自己没关系，就这一次而已。我们只这

样做了一小段时间，但影响到了我们的其他方面，这意味着它会不断消耗我们的能量——就是维护健康和幸福需要的那种非常特殊的能量。

3. 寻求认可

我们是高度感性的生物——妈妈。被认可是最难实现的愿望。我们能从孩子的拥抱中得到它吗？我们能从自己身上得到吗？我们能从配偶那里得到吗？我们需要外界认可吗？我们是否一直把被认可作为最终目标？对被认可的追逐，可能会导致成就感的缺失。

4. 不知道如何呵护我们的心灵

做正确的事情，并不总是等同于伤口愈合、生活兴旺。所以，我们需要锻炼身体，科学饮食，接受脊椎矫正师的调节，服用种种补充剂。为人父母，我们睡觉会受到打扰，但父母身份应该能帮助我们撑过一整天。然而，我们仍会感到与家庭脱节、不开心、没有成就感，这是因为我们看待世界的方式、对为人母的信念体系、看待现状的方式，都是扭曲的。代入世代传承或社会习得的扭曲的信念体系，会影响我们对为人母的看法或视角。我们无法超越扭曲的心灵或信念体系。我们需要在头脑、思维和价值体系中解决这个问题，并审视为人母的核心信念。

5. 对人对事不切实际的期望

我们很容易耗费生命去控制、去追逐不切实际的幻想，永远也不会成功。这真的会让人疲惫不堪，也是最终导致妈妈会产生沮丧和绝望情绪的原因之一。社交网络动态、网红妈妈及其他报喜不报忧的人——缺乏"真实性"——对我们的期望，造成了影响。

6. 缺乏自我呵护

我们什么事情都做，但就是不注重呵护自己的心灵；在这种倦怠因素下，我们停止做一切有利于身体健康的事情。我们停止合理饮食，停止锻炼身体，停止食物搭配，显现出了怠惰行为。新的现实情况就是我们不再呵护自己，于是这种自我呵护的缺乏就会继续下去，影响健康，增加压力负荷并导致倦怠。

7. 生活本身具有熵性

熵的定义为"缺乏秩序或可预测性；逐渐陷入混乱"。在这种情况下，它也与物质转化分解的热力学性质有关。这对我们的启示就是，如果不去不断努力提高自己，就会最终导致崩溃。这真是一个相当可怕的概念。不过作为妈妈，我们经常没有时间，或者我们认为自己没有时间，继续追求个人提高。追求持续提高并不一定得努力工作，让自己疲惫不堪、身心俱疲。但如果我们不努力，内心就会一点点死去，这就是自然规律——生命的法则。

8. 缺乏个人责任感

你认为世界是作用于你的存在，而不是为了你、因为你而存在，这时，生活和家庭就会成为加害人，你就会成为受害者。受害者都会感到无助和绝望。如果这就是你的真实感受，不久你就会觉得自己受到了迫害。作为妈妈，我们会觉得自己是受害者。得不到我们想要的、需要的支持时，我们就会觉得自己失败了。

我们会觉得，没能守住自己的初心、没能做好自己应该做的事，是因为自己的支撑网络没有介入其中发挥作用。我们有获取知识、独立思考的能力。你真的寻求过帮助吗？你是否能够承认，也许所有这些发生在你身上的事情，都是因为事情一开始的定位就不对？

9. 没有边界感

我在打过交道的妈妈身上看到一种普遍现象，即关系和环境——而不是她们自己——控制着她们的情绪。当我们被情绪控制时，生理机能会做出相应的反应，分解以提供更多能量，与之前讨论的慢性压力和创伤反应大致相似。由于生理机能要对情绪做出反应，我们就会被推向一种能量消耗的状态，因此，如果一直在那些不断榨干我们能量的环境或者人群中消耗能量，这种状态就会一直持续下去。

10. 一成不变的环境和习惯

有时候我们需要将外部因素重新洗牌，从而完成内部因素的重新洗牌。从不离开自己的环境——从来没有改变过自己的日常生活或习惯——我们就会变成温水里的青蛙。一串的连锁反应就停不下来。

我知道职业倦怠是真实存在的。

你也知道职业倦怠是真实存在的。

在生活中，我们每天都能看到它。为母之旅应该是快乐的，而我们认识和热爱的妈妈们在此过程中却累垮了。她们没有时间、没有精力、没有气力去体验育儿中有爱的一面，不知道如何寻求支持，也不知道如何接受支持，而社会还期望妈妈们做那么多不求回报、不被认可的工作。

有时候我们无力兼顾一切。偶尔什么都不做，蜷缩在自己的世界里，重新调整一下，没有什么大不了的。照顾好自己真的很重要，因为如果你不照顾好自己，就无法照顾好家人。照顾自己根本不算自私，一点也不算，现在正是承认这一点的好时机。我们该行动起来了。我迫不及待地想带你摆脱倦怠、体验光明的为母之旅！

⌛ 思考时间

- 倦怠是如何出现在你的生活中的？
- 在这十个原因中，哪一个最能引起你的共鸣？
- 现在有什么是你迫不及待想要改变的？

2

第二部分
—————————
妈妈:
健康妈妈的五
大支柱

快乐之旅从这里开始了！

到目前为止，我们已经了解了社会如何左右着妈妈的体验、大家为何可以自选为母之旅、大脑可以如何进行调节以及如何通过改变人的行为和机能来摆脱倦怠和压力——还有如何再次学会爱自己。在这个过程中，大量内容集中在做妈妈的体验上，这些体验你可能全部经历过，也可能只经历过一部分，也可能没经历太多。希望在我们深入讨论如何"行动"时，你对相关背景知识已经有所了解。

在第二部分中，我们将探讨到底"如何"帮助忙碌的职场妈妈，她们可能像你一样，急需帮助以克服倦怠并重获应有的热情、快乐和健康。我知道，现在你不想再多任何一件待办事项，所以我的目标是引导你对一些的事情做出改变，而不是让情况变得难上加难。

所有这一切的初心是帮助作为妈妈的你，找到一些简易工具，保持健康、活力、快乐、社交连接和情绪稳定。我会讲授健康妈妈的五大支柱，使其过程更加简化，更容易掌握。

在第二部分结束时，希望你将创建自己的一套方法，选择最适合自己的途径来创造你想要的当妈体验。除了常见的咖啡饮用量增加、社交媒体网红妈妈引发内疚感及周五葡萄酒时间❶，想从为母之旅中收获更多的话，你可能来对地方了。在这段磅礴的为母之旅中重新找回"自我"——掌握实现这一目标的方法——正是本书这一部分的目的。我希望你为自己找回"自我"，活出更好的自己，充分展现生命的活力。这就是所谓五大支柱要解决的问题：如何得到更多你想要的东西。

所谓更多，对每个人而言，可能是不同的。可能是看起来更健康、更有活力，有惊人的肠道健康、高质量的睡眠及白日里旺盛的精力。

所谓更多可能是重振你的系统运转，为妈妈角色提供支持，且不会造成健康问题。在识别到你的内在变化后，从而改变运转模式。

所谓更多可能是对社会连接重要性及其在健康妈妈观念中所起作用的理解。也就是，其对你在为母之旅中获取精神和情感成长能力的重要影响。

所谓更多可能是通过自己的行为、意图和技能，让自己乃至

---

❶ 在新冠肺炎疫情期间，英国时任首相鲍里斯·约翰逊（Boris Johnson）鼓励唐宁街工作人员"发泄情绪"，后出现了"周五葡萄酒时间"活动。——译者注

身边所爱的人平静下来的能力。更多可能是自我对话：用你的思维模式和能力，通过一种妈妈的思想，去改变那些充满糟糕想法的日子以及由此带来的激素影响。

所谓更多可能是睡眠。良好的睡眠质量可是我们都想要的。不过，我们该如何改善睡眠呢？如何获得睡眠？如何才能找到一种在成为妈妈后也能一直平稳的睡眠状态，让它不再只是我们学龄前阶段曾拥有过的记忆！

所谓更多可能是重拾你的女性自我，以现在这个美丽而充满母性光辉的你感到荣耀。

健康妈妈的五大支柱正是作为妈妈的你开启健康和活力之旅的钥匙。这些观念并不是新冒出来的。非常感谢近 20 年与妈妈们共事的实践经历，让我学到了一些技巧和方法，使得健康妈妈的五大支柱成为对我们每个人都适用的方法。

在这段旅程开始前，我想提醒大家：你本来就很了不起。做妈妈并没有毁掉你，但社会可能已经把你逼得疲惫不堪，现在你可能需要一条摆脱桎梏的路径。我为你打造了一种方法，可以改变你的世界，简单又方便，不会拉长你的待办事项清单，也不会增加你的压力。你要能够把自己置于世界的中心，哪怕每天只有五分钟也可以。

你把这些支柱结合起来的话，绝对会改变你的生活。我迫不及待地想和你一起探讨细节！

第六章　社群

当妈妈们团结成一个社群或集体时，她们心灵上的团结将迸发出非比寻常的力量。

团结友爱是一种黏合剂，能驱动我们的大脑以一种完全不同的方式运转。（大脑会在他人也对我们表示友好时，产生兴奋；会在社会连接时，产生兴奋；会在我们与他人在一起时释放更多快乐激素）团结友爱，让我们能够探索自己的人性，拥有我们可能无法通过其他途径享受到的人性体验。团结友爱也是我们区别于地球上其他物种的特征之一。对于妈妈来讲，与你"团结在一起的人"会形成最让你热爱、最支持你的关系网。说真的，谁不想一走进公园，就看到那群可爱的人正回头朝自己笑呢。

我们也知道，当我们不太想和别人待在一起时，那种荒凉的孤独可能会引发心理健康问题、评判感和悲伤感。当妈妈的时候，大家抱团取暖是最重要的事情之一。

在本章中，我们将深入探讨社群和集体。我希望能帮助你发现一些方法，让你理解你需要找到自己的女性社群，去拥抱她们，也允许自己被那些鼓舞人心的女性拥抱。本章的要点如下：

- 为什么加入一个社群对你的健康有好处
- 如何发现自己的价值观
- 如何将价值观融入日常生活
- 能量卡滞（如何改变我们的能量状态）
- 如何找到你的"乡村"

正如塞思·戈丁（Seth Godin）在他的书《部落》（*Tribes*）中所写的那样，"部落是一个人们相互联系、有共同的带头人和想法的群体……一个群体只需要两个条件就能形成部落：共同的兴趣和沟通方式。"妈妈们渴望这种类型的社群，然而在我们繁忙的社会中，这种社群要么很容易消散，要么从一开始就找不到。

过去几代人有一种强烈的社区意识——一种"乡村"的意识——随着时间的推移，这种意识在很大程度上已经消失了。"乡村"的人会关心我们，能直观地说出自己什么时候感觉"不舒服"，是我们可以依靠的人，就像他们需要支持时，也常依靠我们一样。即使在新冠疫情暴发之前，当我们的世界发生天翻地覆的变化时，社会也苛求女性。在 2019 年《英国医学杂志》（*BMJ Open*）的一篇文章中，汉娜·达伦（Hannah Dahlen）等发现，30% 的澳大利亚女性反映她们的宝宝有严重的睡眠问题和安抚问题。据了解，这会导致妈妈们精疲力竭、危害身心健康，

影响她们的早期育儿经历。

达伦等人的此项重要研究有这样一项成果，即妈妈需要在育儿（每一胎）初期的 12 个月里定期进行心理健康评估。妈妈与孩子一样，定期接受专业检查非常重要。同时，向妈妈们传递团结友爱的重要性也必不可少。达伦评论说，妈妈们需要感受到自己获得更多的支持。我想更进一步地说，要感受到被人支持，我们就非常需要有自己的"乡村"。我知道"向前一步"已经成为疫情期间的时髦语，但这个表达用在这里恰如其分。如果我们觉得自己被这种感觉包围，就更有可能感到安全，更有可能迈出那一步去寻求帮助。

还记得我在前文讲过的安全感和创伤吗？我们感到安全和被呵护时，大脑是如何奇妙地运转的呢？在我们非常脆弱的时候人们的安全意识普遍较强，比如分娩阶段、养育新生儿阶段，或者在患上产后抑郁症的时候，这一观点的受众相当广泛。然而，一旦过了新生儿阶段，我们就会忘记"安全感"之类的事了。

想象一下，如果你身边一直设有一道安全屏障会产生多么大的能量。安全状态传达大脑，通过神经告诉我们处境安全，我们的神经就会在完全不同的安全环境中工作。

我有安全感的时候，是知道自己被爱着的时候。我能感觉到爱，会有人在身边关心我。世界上有很多妈妈大部分时间都生活在这样的环境里。如果你是她们中的一员，那么祝贺你了。但是，其他妈妈怎么办呢？这就是定期做检查和有意识地寻求支持至关重要的原因了，也是我们要团结友爱的关键所在。团结象征着安全、爱和温暖，可以让我们成长、做自己、忠于自己，让我们能向其他人传递自己感受到的爱。

哈佛大学特约撰稿人莉兹·米内奥（Liz Mineo）称，过去80年的研究发现，虽然基因会影响寿命，但如果你想感到快乐，更重要的是增加与社群之间的连接。我不知道你怎么想，但我发现自己有小孩子的时候，由于生活方式的新变化，自己可支配的时间变得更少了，这意味着我根本无法优先考虑社群的事儿。事实上，我真的很难找到一个适合自己的女性"乡村"。

正如我早先在书中提到的，第一次怀孕期间，我们曾带着一个3周大的孩子生活在海外，周围没多少其他的外籍妈妈。当时那种孤独感非常真切，我相信这是推动我重返职业生涯、与其他脊椎矫正师一起工作的部分原因。我认识一群共事的医务人员，他们跟我合得来。我们价值观一致，能够相互理解彼此的工作方式，都有在实践中帮助孩子的愿望。我觉得自己有价值，得到了关注，感觉找到了原来的自己。回想起来，我当时是在渴望得到自己真正需要的东西。

价值观的一致性

共同的价值意识可以驱使我们在身边形成社群。当今世界日益充满愤怒、喧嚣和忙碌，事实证明，在这种环境中寻找共同的

价值观已变得越发困难。传统的妈妈小组很神奇，它们能让同时有着同样育儿经历的妈妈们，彼此连接起来。

在 2020 年和 2021 年的大部分时间里，大多数妈妈都失去了社群体验。一起经历育儿过程中起起落落的集体，消失了。我在行医过程中发现，这给妈妈们造成了很多创伤和心理健康问题。虽然情况完全不同，但这似乎有点像我在马来西亚育儿的经历。当时我的朋友都在珀斯，妈妈在澳大利亚，虽然可以通电话，但非常缺乏与其他女性见面产生的那种革命友谊。那时候真是太孤独了。

社群是影响妈妈幸福感和喜悦感的一个重要因素。现在，我们来探索一下如何再找到一些同道中人，找到那些我们真正想要一起做伴、一起跳舞、一起唱歌、一起哭、一起笑的妈妈们。

我们一起去找她们吧!

⏳ 思考时间

● 在为母之旅中，你从哪里体验到了团结友爱？（是在妈妈小组，还是医生办公室？是从家人那里，还是朋友身上？）

● 你觉得你的为母之旅在哪些方面有所不足？（孤独？还是健康问题？）

● 如果你有一个很给力的"乡村"，你觉得那将

会是怎样一番景象？（想想你的内心会有什么感觉，你那样去想的时候，你又会发生什么变化）

● 你心目中理想的妈妈世界是什么样的？（写出在你想象的完美世界里做妈妈的所有美妙之处）

先找到自己，再寻找社群

注意，刚开始寻找你的"乡村"时，有一个办法不妨试一下，那就是首先弄明白自己。是的，你是一个非常棒的妈妈，找到自己的定位会是一件充满乐趣的事！

我发现，有一种了解我自己的最好方法就是审视我的价值观。我主张什么理念？我是什么样的人？这听起来可能有点吓人，不过，在我们吸引那些了不起的妈妈进入我们的圈子时，了解自己是谁及代表什么，就可能改变游戏规则。有很多现成的资源可以指导你弄清楚所有这些，不过，在这里还是让我们一起看一下吧，这种方法我已经用了很多年，而且到目前为止屡试不爽。

发现自己是我们在生命的任何阶段都可以做的事情，而且"我是谁"也是一件永远在变化着的事情。现下，立刻简要了解一下你的完美自我，真的很有帮助，它可以帮助你深入了解自己行为背后的原因和目的。

确定你的价值观

这个练习，在本质上很简单，但在现实中，可能就相当复杂。我还记得自己第一次这么做的情形。当时因为工作需要，我去参加了一个体验式静修活动，大概意思就是，你会和团队一起做一些奇怪的事情，比如建造独木舟，然后坐下来，汇报做这些事情的意义及其给你的感受。

我很喜欢这个活动。

它打开了我的眼界，让我知道是什么在驱使我的内心，更重要的是，让我知道为什么那会让我在特定的时间以特定的方式做出反应。价值观的重要作用在你的一生中不断变化。根据我的经验，成为妈妈时，这种价值观的转变最为明显。由于脑神经发生变化，我们在拥抱孕产期——从女人到妈妈的美丽蜕变——的同时，能够做好生理准备步入育儿阶段，会发生变化也就不足为奇了。

现在我们开始吧！

● 第一步：圈出下表中与你有共鸣的词语。将每个词语读一读，想一想，它符合你的真实情况吗？是，画圈！如果不是，那就继续。

● 第二步：把圈出来的词语进行分组，使每组具有相似的主题。对你来说，最重要的主题有哪些？试着创建五个主题组——没有对错之分。

● 第三步：选出你最喜欢的五个词语——每组选一个。这些就是你的价值观：你排行榜前五的词语！

责任	理性	平衡	美丽
大胆	冷静	整洁	熟悉
承诺	同情	信心	交际
意志	满足	合作	勇气
创造力	决断力	可靠性	决心
尊严	勤奋	纪律	发现
多样性	义务	教育	成效
同理心	鼓励	卓越	体验
专业知识	探索	公平	信念
灵活性	中心点	自由	节约
乐趣	慷慨	感恩	成长
快乐	健康	诚实	希望
谦逊	幽默	正直	亲密
直觉	善良	领导力	学习
爱	忠诚	正念	节制
动机	开放	乐观	组织
创意	激情	平和	说服力
专业素质	理性	复原力	尊重
牺牲	安全	敏感	感性
宁静	意义	单纯	真诚

灵性	稳定	力量	结构
成功	支持	同情心	体贴
节俭	及时	信任	理解
独特	有用	高尚	远见
温暖	财富	智慧	价值

⏳ 思考时间

　　一旦确定了你的五个词语——你的价值观——请把它们写下来，然后回答以下三个问题：

　　● 对你而言，这些价值观是如何与你产生共鸣的？它们让你感觉如何？内心是否感觉自己有一丝丝不符合这些价值观？

　　● 如果有的话，这些出其不意的词语是什么？

　　● 你现在如何看待这些价值观？它们也适用于你成为妈妈之前的生活吗？适用于你的职场妈妈生活吗？

如何将价值观融入日常生活

　　既然你对驱动你的行为的价值观（至少目前是这样）有了更

106

多的了解，请将其带入你日常自我意识的本质中。请把这些价值观在什么地方写下来：镜子旁边、浴室里或者车里……（我会在第九章中告诉你这些将会怎样合为一体）但是相信我，从长远来看，经常提醒自己什么对你重要，可以改变游戏规则。

以下是引自拉尔夫·沃尔多·爱默生（Ralph Waldo Emerson）的一段美文，它完美地定义了成功的内涵，我认为它也充分体现了母亲的价值：

笑口常开、笑容常在；赢得智者的尊重、孩子的爱戴；博得批评者的诚挚认可、容忍假朋友的背叛出卖；欣赏世间美好；发现人之可爱；为世界增添光彩，或养育出健康孩子，抑或改善社会条件；因为你的存在，哪怕让一个生命活得更自在——这就是成功。

你的价值观不能定义你，但能让你了解什么对自己真正重要。以下是我的价值观核心：

- 家庭
- 乐趣
- 健康
- 社交
- 成功

我最看重的是家庭。我喜欢和家人一起快快乐乐地动手做事、享受生活。健康对我来说真的很重要（我知道，这不足为

奇），人际关系也是如此。不过，成功倒是出人意料。是的，我知道自己很有野心，但这让我更明白为什么自己想要平衡好工作和生活；为什么通过服务他人获得认可时，我会是一个更快乐的妈妈；为什么"职场妈妈"和"企业家"对我的自我意识、大脑和获得人生乐趣真的很重要。我也更明白自己要工作、要成功的原因，实现自己的目标就是帮助别人实现他们的目标：这就是我觉得让人很惊喜的地方。如果只能当一个"妈妈"，那么我会是一个非常不快乐的人。

有时，成功会上升到我的价值观第一位，因为如果我价值观的第一位一直是家庭、每天都是家庭，我丈夫一定会举双手赞成！但有些天、有些星期、有些季节，对我来说肯定做不到。了解自己这一点——它并没有使我成为一个坏妈妈，而只是我人性的一种本质需要——能让我更平和地面对真正的自己、面对如何在忠于自己的同时支持别人。

你呢？

尊重内心真实的自我，并不是自私的表现。

找到那些让你兴奋的事情，走出去、做起来，这时你就要开始吸引你的社群了。你会在感到快乐的同时与志同道合的人连接到一起。丽贝卡·凯斯伯格（Rebekka Kesberg）和约翰尼斯·凯勒（Johannes Keller）进行了一项研究，将我们的价值观与生活经验联系到一起。研究发现，价值观能帮助我们解读周围的环境以及我们的处境。不过，这对我们这些妈妈来说又意味着什么呢？

也许孩子们在公园就会发生什么离谱的事情。可能他们中有一个人觉得自己很有趣，会把水、冰激凌或爆米花洒到另一个人身上。如果你的价值观是快乐和乐趣，你可能会大笑起来（尽管有人可能会觉得这样不合适）；如果你的价值观是整洁和秩序，你可能很难发现其中有趣的一面；如果你的价值观是强烈的纪律意识，你可能会好好教育孩子一番，让他们明白这样做为什么有问题；如果你的价值观是亲密育儿，你可能会和孩子一起坐下来讨论，试着从不同的角度来看问题。

这没有对错之分，只是观点不同而已。可能，只是可能，你会遇到一个和你有同样反应的妈妈，因为你们的价值观一致。那是多么美妙的事呀？下面列举了我因价值观而结交朋友的地点（不知道这些对你是否也适用）：

- 健康食品店：有机食品
- 滑冰公园：在看孩子滑冰的妈妈
- 妈妈小组：讨论到底给孩子准备什么午饭
- 妈妈小组：讨论小孩的衣服
- 妈妈训练营：讨论健身
- 商业世界：人人都在争取获得更大的成功

价值观影响着我们在生活中为人处世的方方面面。其表达方

式受到健康妈妈的其他四个支柱的影响，我们将在接下来的四章中进行讨论。在妈妈世界的重压下，了解我们的价值观可能是一个改变人生的时刻，让我们能够退后一步、大喘一口气。它可以帮助我们意识到为什么自己会以特定的方式做出反应、为什么会以特定的方式做事、为什么我们似乎处于相同的行为模式中。

当外部世界与内心世界不匹配时，我们就会陷入能量障碍，愤怒和沮丧就更有可能涌进我们的生活。当我们的行为与内心的自我不一致时，就会造成冲突。我非常希望更多妈妈能够找到内心的冲突点、释放它，并找到和谐生活的方法。

⌛ 思考时间

● 你如何看待价值观对你生活体验的影响？

● 你的价值观的冲突点在哪里？

● 认识到你在日常生活中表现出来的价值观会带来怎样的魔力？

● 目前，价值观会在哪些方面减轻你的身心压力？

能量卡滞和你

是谁有时候感觉自己精力充沛无比，能从床上一跃而起？又是谁有时候感觉自己能量耗尽、举步维艰？算我一个！我们都有这样的时候。想象一下，不必进行一小时的冥想，不必进行 45 分钟的有氧运动，也不必喝上一杯绿色蔬果汁，如果我们也能想到在需要时做出改变的办法，岂不美哉。

育儿中最艰难的环节之一就是，我们可能会陷入能量见底的困境。你知道的，就是那种我们感觉内心陷入黑暗的情况，有时候我们无法改变自己的消极想法和行为。世界上有很多人都在研究能量驱动人类体验，如果我们能够扭转这种情况，就能改变我们的生活。

你会回想起，我在前一章中提到了乔·迪斯派尼兹的研究。他对能量进行了现代化研究，我认为这是最具影响力的阐释之一，让我理解了人体如何既能保持自身的完整，又能足以应对当下环境。他写到了认识自我、能量状态及其原因。为自己的一天做好生理准备，有意识地了解自己的状态——正念状态——是我们得以转变能量的一种途径。

这与我们的价值观有什么联系？正如上面提到的，如果我们的价值观与行为不匹配，就会产生一个内在冲突点，从而造成能量消耗和能量卡点，通俗地说就是造成紧张和压力。让我们带着压力继续向前，去摇动能量树，使自己再次找回平衡状态。

所以说，我们的消极想法可能使我们生病。

那么，我们的积极思想能使我们健康吗？

根据乔·迪斯派尼兹的说法，你的想法和感受影响了你的存

在状态。他在《打破自己的存在习惯》一书中称，一旦到了 35 岁，我们就形成了一套固定的习惯、行为模式和人体机能，而这些将塑造我们的日常状态。所以，如果我们想要改变自己的习惯，就需要注意有意识地为自己选择不同的东西。

这就意味着，作为妈妈，我们可以选择做出改变，调动自己的能量，停止自己的负面想法。不过，我们必须谨慎行事。

我们一天的百分之一是 14.4 分钟，不是很久。如果我们想通过正念改变自己的行为，或者做一些保持能量的事情，那么我们可以选择用一天中 1% 的时间，让自己变得不一样。做一做冥想练习，写一写日记，安静地坐一坐，都可以实现这一点。做一些可以改变我们能量状态的事情，跳舞呀、唱歌呀、原地跑步呀，也能够曲径通幽。所做之事不必非得安安静静，但必须得适合你。

当我们仔细思考价值观在日常生活中的体现，能选择 14.4 分钟有目的地改善自己的生活时，哪怕在繁忙的妈妈世界里，我们也会感受到无限可能、感受到自己身体的变化。

在我思考自己的价值观，还有我的身体、生活和我忙碌的事情时，我意识到，对孩子或丈夫发脾气是因为我的生活不协调了。那正是我的能量无法流动的时候；正是我没有照顾好自己的身体、感到疲惫，或者渴望糖和咖啡因的时候；正是我有一段时间没有在自己的圈子里嬉戏玩乐的时候。

那也正是我感觉自己只是个妈妈、没有工作的时候，也正是我没有时间来实现自己的目标的时候。

所有这些能量卡滞的原因，都是真实的。我们越早站出来、越早尊重自己的妈妈身份，我们的体验就会越精彩。希望我们每天见到的坏脾气的人和让人崩溃的事也会越来越少。

⧗ 思考时间

● 你觉得自己的能量在什么地方卡住了？（对我来说，当我被"困在"厨房时，感受最明显）

● 你希望自己的能量是什么？（活跃、快乐、炽热、冒泡、从容还是暴躁？）

● 这对你意味着什么？能量转换将如何改变你的生活？

找到你的"乡村"

好了，我们已经找到了价值观，释放了能量。现在，我们要怎么找到自己的"乡村"？我先卖个关子，不过，你有没有听说过"气味相投"这句话？

这一点在妈妈圈里最为明显。一旦了解了自己的价值观，我们很快就会知道自己跟哪些人合得来、跟哪些人合不来。我会

建议你先去接触一下当地的妈妈小组。如果你有一个刚出生的宝宝，那么加入当地的妈妈小组是结识一支本地支持力量的好办法。当时初为人母的我，非常渴望加入这样一个小组，在我们搬回澳大利亚时，我非常幸运地如愿以偿。

许多妈妈是通过社交软件上的组群认识的。也有人清楚自己重视亲密育儿的价值观，所以加入了当地的社群小组。或许你很看重有机食品，我认识一些妈妈，她们就是通过当地的健康有机商店交到了很好的朋友。根据我们是谁——而不是我们认为自己应该是谁——来寻找自己的支持圈，这是一个很棒的开始。

当你敞开心扉、对自己充满信心的时候，你那些可爱的朋友们就会开始出现了，她们出现在：游戏小组、妈妈小组、健身小组、训练营、脊椎矫正师诊室（是的，我们诊所的前厅就发生过这样的事）。

我向你保证，只要你对自己有信心，"乡村"就会出现。在此，还有一件重要的事我想说一下，那就是这一路上你也可能会失去一些朋友。你无法照顾到每个人，而你所做的选择及所处的人生阶段也会影响到你和昔日老友的关系。

我一直很幸运，因为我的许多老友都经受住了时间的考验，并华丽变身成为我可以依赖的、坚强的妈妈支持网络。

不过一路走来，我同时也加入了新的社群。我最先找到的是我的健身姐妹：妈妈小组里有这样一些妈妈，当孩子们在垫子上玩的时候，她们想去散步或在前院上一堂高强度间歇训练

（HIIT）课。我结识了一些讲究的妈妈，她们对自己和孩子吃的食物充满热情，但她们偶尔也想喝上一杯香槟——因为，要平衡，对吧？

我也结交到一群职场妈妈，她们和我一样，由于伴侣到国外工作而被迫移居国外。我们紧密团结在一起，因为大家都不得不努力做着同样的事情，比如在异国他乡去了解一个新的国家、新的学校、新的食物、新的运动和新的社区。

在任何阶段，我都没有主动去搜寻她们；在我敞开心扉准备接纳新变化的时候，她们就自然出现了，不过，她们也总是出现在我专注于某件事情的时候。当我真的很想恢复身材时，我的健身帮出现了；当我和吃食较劲的时候，我的美食帮出现了；而侨民帮对我来说算是一种全新的体验。

"乡村"里的一些人就住在我附近，但她们中也有很多人不是这样。这就很糟糕，但是我想，这也是人生经历的一部分。我知道当我们聚到一起，当我们在这样的人生经历中找到了"自己人"，大脑会以不同的形式活跃起来。这就是社群的力量。

我希望你能深刻地理解自己的核心价值所在，然后开始在日常生活中将其表现出来。你会找到你的自己人。你的"乡村"将会崛起。我希望你能重新获得身边女性的支持，希望你也能支持她们。去感受那种"走进一间屋子，大家瞬间懂你"的快乐！去感受那种被平静与纯粹的心灵包围的感觉。

第七章　营养

用美食滋养心灵是做妈妈最大的乐趣之一，这能帮助我们把家庭、把社区团结在一起，激发我们的自我意识。

关于食物、营养和健康饮食"应该注意的事"，有太多相互矛盾的建议。我认为，首先，我们需要去伪存真看本质。食物的作用应该是为我们提供营养，使人体系统运转良好，让身体朝着内环境稳定（体内所有化学物质和功能的平衡）的方向运转。食物为我们的细胞提供维持功能所需的营养，并能排出毒素。人们在品尝超级美味的食物时，会产生令人惊叹的快乐。

有许多图书在产妇营养方面提供了广泛的建议。我不是营养学家，也不敢以营养学家自居。但我知道，对妈妈们来说，关键是把复杂的事情简单化。你可能会发现，从合格的营养学家、饮食保健专家或自然疗法管理师那里寻求具体的、个性化的建议，才是最好的选择。

在这一章中，我将为妈妈们提供一个简单的、以全天然食品为基础的营养方案。我将探讨：

- 为什么食物很重要
- 全天然食品的力量
- 什么是宏量营养素（碳水化合物、蛋白质和脂肪）
- 在不增加压力的情况下纳入全天然食品

　　孕产期身体的新陈代谢方式以及所需的营养，可能与我们的日常习惯不同。在此期间，我们摄入的食物不仅要供给自己，还要通过胎盘供给胎儿或通过母乳供给孩子。更不用说妈妈需要的能量，以及如何为自己提供营养，我们才能展现出最好的状态。

　　关键是要知道如何解决这个问题，因为社会上关于食物有太多的羞耻感。著名作家布琳·布朗（Brené Brown）将羞耻定义为"一种极度痛苦的感觉或经历，认为自己有缺陷，因此不值得他人的关爱、也不值得获得归属感"。这会影响我们所有人的情感，会深刻影响我们互动的方式。

　　对食物的羞耻感可以通过许多不同的方式表现出来。它可以表现为我们觉得健康食品不值得吃，因为我们本来就感觉自己看起来挺好的时候，为什么还要在乎它呢。也可能表现为一种缺陷，因为我们一直在选择不健康的食品，哪怕我们已经决定要健康饮食，也做不到坚持下去。甚至，因为我们不知道如何有效地为自己提供营养，需要在这方面寻求帮助时，我们就会感到难为情，也会出现羞耻感。这并不可耻，不过是承认我们不是什么都懂，而且我们大多数人肯定都这样。

有很多妈妈在营养上投入了大量的时间和精力，这真是太棒了。

还有一些妈妈没有意识到或者没有时间去搞清楚这些麻烦事，我们该看哪本书？应该听哪个网络红人的话？作为妈妈，低碳水化合物、零碳水化合物、高脂肪、零脂肪、无糖、天然糖，该怎么选？这些问题没完没了，对吧？

关于食物的讨论将集中在几个关键因素上，随着一些简单的关键变化融入你的生活，你将重新设置你的为母体验，以下是本章需要思考的内容。

● 全天然食品是关键。根据我们的身体结构，越接近自然状态的食物，其营养越容易被吸收。

● 作为妈妈，我们尤其需要所有的宏量营养素。也就是说，我们需要蛋白质、脂肪和碳水化合物。是的，人与人有所差异。然而，这些物质对生存至关重要。从饮食中去掉宏量营养素的话，可能会扰乱你的人体系统。

● 平衡看待食物很重要。我们要培养一种简单又营养的食物观。如果烹饪、获取食物源、提供营养等都太困难，那就没有意义了。

● 食物可以很有趣。让我们把有趣的食物带回家，活跃家庭氛围。

本章就是这些主要内容。我们将聚焦这些内容，真正学会热爱我们的食物，进而热爱我们的身体、滋养我们的精神世界。想象一下，如果能通过营养，不费吹灰之力地让身体处于轻松状态，我们在日常生活中将会展现出多少能量啊。这将有助于家庭和谐。

⏳ 思考时间

● 你目前对食物有什么看法？它是你一天轻松愉快的源泉吗？还是说，它让你感到棘手、充满恐惧？对你来说，它是个恼人的因素吗？

● 你想在食物选择上做些什么改变？

● 这将如何改善你与食物的关系，你期望从中得到什么样的结果？

为什么食物很重要

让我们从我的美食之旅开始吧。我真心相信，多年的学习、试验、不断折腾导致有那么几段光景，让我和食物处于一种功能失调的关系中。在我做妈妈的时候，更是如此。

先讲一点背景故事吧。我在农场长大，父母烹饪的食物都来自我们自己家、当地人家或超市——那种由当地生产商供应的老

式超市。回想起来，这种了解食物的方式真是田园诗般的体验。

起初就是这么简单，再加上我喜欢旅行，我对烹饪和食物的热爱也就这么开始了。然而，尽管如此，特别是在二十五六岁的时候，我开始对很多自己最爱的食物产生过敏反应，很可能是患上了乳糜泻（至少是严重的谷蛋白过敏）。在接下来的几年里，我家里又出现了12例乳糜泻患者，这也导致了一种不同的饮食方式的开始。自此，我有了很多忌口，并专注于通过饮食来治疗自己功能失调的肠道。

这真是一件很棒的事情，却也很容易做得太过火。我很确信我就做得过火了。我经历了把食物清出我的世界的减肥循环，然后又慢慢地回到一个大差不差的进食循环。我会远离谷蛋白，但又在无碳水化合物、大量坚果和瓜子、高脂食品、低脂食品、原始饮食、生酮饮食、无乳饮食、全乳饮食、果汁禁食之间跳来跳去，现在，你明白怎么回事了吧。

在一小段时间内，这个方法对我很有帮助，但它不可持续。它确实给我带来了一些狂欢时刻，围绕着大吃大喝、限制进食和从头再来，给我打造了一个恶性的循环。有趣的是，在认识的人里边，我并不是唯一一个有过这种经历的妈妈。我们都经历过节食，对吧？我希望，可以为妈妈们提供可持续的营养，使其方便、简单且有利于产后妈妈的激素系统功能，帮助她们继续开展新生活。这里有一个小警告：此处讲的是一般性建议，是基于我的个人经验与实践基础上的。这并不是给你的个性化建议，如果你觉得自己需要在营养方面了解更多信息，那么请咨询营养品供应商，他们与产后妈妈打交道，了解她们的需求。

过去，我都是通过血液检测、粪便分析和 DNA 检测等评估的情况，来绘制自己的健康饮食版图的。如果你觉得需要这种支持，去找一个可以给你做此类评估的从业人员，是个很不错的方法。此外，有趣的是，在我对这个课题进行广泛研究时，很多信息都是关于孕期妈妈应该如何饮食才能使孩子健康的，而关于产后饮食的研究仍然少之又少。

全天然食品的力量

要深入探究全天然食品的力量，关键是：

- 轻松
- 简单
- 压力小
- 价格可承受性

让我们来好好研究一下。

为了撑过一天，我们很容易去选择加工食品、甜点或含咖啡因的东西作为权宜之计。从长远来看，正是这些劣质、缺乏营养的食物真正影响着我们的健康。

吃什么、怎么吃，简单方便是关键。把书本从吃得不够好转变为如何支持妈妈们做出不同的选择是关键。在此，我的目的不是给妈妈们增加工作量，而是简化她们的食品消费和准备，这样全家人才能一起实现健康饮食。

正如我之前提到的，我们需要蛋白质、碳水化合物和脂肪。我的好朋友、女性营养专家萨拉·霍普金斯（Sarah Hopkins）认为，大多数妈妈都害怕碳水化合物，也没有摄入足够的蛋白质。在各不同阶段，摄入足量的蛋白质都是非常困难的。我们将研究这 3 个关键领域，看看我们如何支持自己轻松选择健康的食物。

碳水化合物

碳水化合物可不是你的敌人。事实上，食用纯天然的碳水化合物是维持生命活动所必不可少的。根据《澳大利亚膳食指南》（*Australian Dietary Guidelines*），我们应该食用以下五类食物：

- 蔬菜
- 水果
- 谷物
- 肉类（瘦肉为佳）
- 奶类

不过，作为妈妈，我们如何分配这些食物的摄入量非常重要。我们知道，如果处于母乳喂养期，我们平均每天要多消耗500卡路里热量，这就需要在我们的饮食摄入量中有所考虑。我们也知道，我们需要选择这些类别中的那些营养丰富的食物，而不是每个类别里都不少见的劣质加工食品。

根据饮食保健专家李·克罗斯比（Lee Crosby）的观点：

碳水化合物是健康饮食的重要组成部分。但有人认为，所有的碳水化合物，从苏打水到甜薯，都是一样的。几十年的科学研究告诉我们，这不是真的——人体对扁豆的处理方式与棒棒糖不一样。

糖类——尤其是精制糖——在糖原填充法中绝对会造成问题。

那么，我们如何从天然食物来源中获取碳水化合物呢？我们可以从蔬菜、谷物和水果中获取，从含有碳水化合物的天然食物中获取此类营养物质。我知道对我这个高度谷蛋白过敏的妈妈来说，通常从"无麸质"产品中获取碳水化合物更容易，不过，与碳水化合物一起添加的其他物质就不太健康了（后面会展开讲）。

职场妈妈的碳水化合物来源包括：

- 燕麦
- 薯类（甜薯、白马铃薯、红马铃薯等）
- 藜麦

- 豆类（菜豆、小扁豆、鹰嘴豆等）
- 南瓜
- 荞麦
- 甜菜根
- 香蕉
- 胡萝卜
- 芋头和木薯
- 大米（糙米为佳）
- 小麦面粉

这里有几点需要注意。要颜色多样，食物颜色的多样化对我们的健康至关重要。忙的时候，我伸手就是那几样碳水化合物食物——土豆和南瓜，有时会再来一些甜菜根，这是由多年的低碳水化合物饮食造成的。我也尽量不吃谷物——但是，如果食用未经过度加工的全谷物，它们能为我们提供优质的营养。红色蔬菜很重要，能给我们的肠道系统带来多种矿物质、维生素和抗氧化剂。这些红色蔬菜不是总能买得到，不过，摄入一些红色蔬菜很有好处，因为它们具有益生元特性，能够促进肠道健康，还能起到抗氧化作用。

绿色大叶蔬菜在其中处于什么位置呢？与红色蔬菜差不多，它们也能带给我们好处。它们富含维生素 A、维生素 C、维生素 E 和维生素 K，其中一些（尤其是芥菜、西蓝花和白菜）还富含

B 族维生素。深绿色蔬菜还能提供大量的叶酸，这对我们的心血管健康和预防某些先天缺陷非常有益。这些蔬菜还有助于降低我们患癌的风险，增加纤维摄入量。

至于碳水化合物含量较高的食物——大米和谷物——将其纳入我们的日常饮食中大有好处，因为它们确实能为我们的精神状态和肠道系统提供养分。远离白色谷物食品有利于营养平衡，也可以减少食品加工，这必须算一个好处，对吧？因为身体就喜欢天然的食物，难道不是吗？

正如我美丽又精力充沛的朋友萨拉·霍普金斯所说，利用好丰富的碳水化合物来源，并将蛋白质与碳水化合物相结合，是健康营养的关键。我每周吃几次碳水化合物含量较高的食物，然后在一周剩下的时间里全部摄入这些可口的蔬菜。由内而外的营养供应，帮助我与身体所需保持着密切联系。

我曾经害怕各种碳水化合物，认为它们是会破坏健康的，但正念意识及其在一周食物准备中的轻松操作，使它们能通过很多途径提供营养！

⌛ 思考时间

● 有哪些高度加工且难以消化的碳水化合物来源可以从你的日常饮食中去掉？

● 有哪些有益于滋养肠道系统的碳水化合物来源

可以轻松加入你的日常饮食中？

蛋白质

补充蛋白质的想法真的不好实现，而且也很费时间，让我们面对现实吧，孩子们也不总是喜欢蛋白质。

那么，什么是蛋白质呢？从根本上来说，蛋白质是人体细胞的组成部分。我们需要蛋白质来形成新细胞，帮助孩子发育，促进胎盘和胎儿的生长，还有，无论我们是否母乳喂养，蛋白质都能帮助我们为自己和孩子提供营养。

和三大主食一样，多样化是关键。任何一种食物吃太多对我们都没有好处，就像碳水化合物一样，我们要尽可能享受天然的蛋白质食物。

我通过吃以下食物获取蛋白质：

- 鸡蛋
- 鸡肉
- 牛肉
- 羊肉
- 鱼肉

- 坚果

- 牛奶、酸奶、奶酪

- 豆类

根据健康频道（Better Health Channel），女性每天需要2.5份蛋白质。那么，什么是一份蛋白质呢？他们将一份定义为：

- 65克熟瘦肉，如牛肉、羊肉、猪肉（鲜重90～100克）
- 80克熟家禽瘦肉，如鸡肉（鲜重100克）
- 100克熟鱼片（鲜重约115克）或一小罐鱼肉
- 2个鸡蛋
- 1杯（150克）熟的干豆、小扁豆、鹰嘴豆、豌豆或罐装豆（不添加盐为佳）
- 170克豆腐
- 30克坚果、种子、花生或杏仁酱、芝麻酱或其他坚果或种子酱（不添加盐）

我们早餐可以吃一些鸡蛋或含胶原蛋白的燕麦；午餐可以吃鸡肉沙拉，加上一些预先做好的烤蔬菜（有彩虹的颜色），一些绿叶蔬菜和少许沙拉调料；我们下午茶可以吃点水果，来几块奶酪；然后，晚餐可以吃点蔬菜、一小块牛排、一块羊排或者吃些鱼。

走出母职困境

全天然食品的好处就在于，如果周末只有几分钟的时间来规划下一周的饮食，我们也可以很容易地获得蛋白质、碳水化合物和脂肪，只不过是怎样安排对我们最有益的问题。在忙碌的生活中，我倾向于每周有两个"准备日"。这并不是要把一整天的食物准备好——只是把一些食物分类整理好，这样等忙的时候，我就不用再去考虑饮食问题了。

⏳ 思考时间

● 你的生活中有哪些方面需要摄入更多蛋白质？哪一餐需要补充蛋白质？

● 在你的日常生活中，还可以再添加上哪种蛋白质来源？

脂肪

还记得20世纪80年代在我还小的时候，很多食物都是低脂的。我记得在电视上看到过宣传低脂生活的广告，我做过大腿健美的运动之类的，还跳过跳绳。这些完全是"80后"的记忆。当时的一些研究讲的是脂肪如何堵塞我们的动脉、导致胆固醇失衡，引发心脏病和中风。是的，我们知道摄入过多不健康脂肪真的会影响我们的体重。

在继续探讨之前，我们先来聊一聊炎症。在 2015 年的一篇文章中，营养学家、运动生理学家凯文·弗里切（Kevin Fritsche）对炎症在当今世界慢性疾病发展中的核心作用进行了探讨。膳食脂肪摄入的增加会影响我们的免疫系统，改变我们的炎症状态。他探索了饱和脂肪酸含量高将如何导致炎症增加，虽然你可能像我一样，会出现眼睛浮肿或体感肿胀等外在迹象，但是我们真正需要担心的是体内炎症。当妈妈们忙碌的时候，就很容易转而选择方便的加工食品，但遗憾的是，这些食品有可能对健康不利。

人们认为植物油会加剧炎症的原因之一是它们具有高水平的 Omega-6。Omega-3 和 Omega-6 是我们身体系统不可缺少的两种必需脂肪酸，由于人体无法自然合成这两种脂肪酸，我们必须通过食物获取。在自然界中，这些 Omega 脂肪酸通常以 1∶1 的比例存在；然而，在过去的一个世纪里，这一比例已上升到 20∶1，阿泰米斯·西莫普勒（Artemis Simopoulos）2016 年在美国杂志《营养素》（Nutrients）上发表的一篇文章中如是说。约瑟夫 R. 希波尔恩（Joseph R Hibbeln）等人对这一新兴研究表示支持，他们认为这种对高水平 Omega-6 脂肪酸的研究有利于解决目前西方社会普遍存在的慢性炎症。

妈妈群体中的慢性炎症可能表现为：

- 肥胖
- 心脏病
- 癌症
- 非胰岛素依赖型糖尿病
- 关节炎
- 肠易激综合（IBS）

我们也知道多不饱和脂肪酸容易被氧化。这些脂肪酸的结构中有多个键，所以当它们被用来构建人体细胞时，就会增加其对氧化的易感性，这意味着身体系统中会产生更多的自由基并导致氧化应激。总的来说，它们是穿梭在身体系统中的讨厌的"吃豆人"，不是好家伙。我们不想要这些，它们对我们没有好处。

那么，这一切意味着什么呢？

这意味着，我们可以选择摄入的脂肪酸。我们需要脂肪酸来维系生存，但有些优质脂肪酸比其他脂肪酸更有益。

那么，优质脂肪酸是什么样的呢？

下表所示各种食物含平衡且易消化的脂肪酸，对妈妈们的身体系统有好处，相关食物远不止所列这些，仅供参考：

- 牛油果
- 鸡蛋

- 富含脂肪的鱼类（金枪鱼、鲭鱼、鲑鱼、沙丁鱼等）

- 奇亚籽

- 亚麻籽（还有亚麻籽油）

- 坚果（夏威夷果、核桃、杏仁等）

- 橄榄

- 橄榄油

- 豆腐

- 酸奶和奶酪

- 椰子和椰子油

经常性摄入这些脂肪酸，可以对我们的大脑、细胞和消化系统起到有益作用。

⌛ 思考时间

- 在你的饮食习惯中，是否有一些 Omega-6 含量较高的食物可以轻轻松松地避开，以减轻你的炎症负担？

- 你的每周饮食中，可以加入哪两种健康脂肪酸？

现在，让我们看看如何将健康食品纳入饮食当中。

将食物选择融入现实

作为妈妈，这真的是最难的部分。以上讲的一堆内容可能没有你从来不了解的，或者以前没有接触过的。那并不是什么刚出现的新研究，只不过是诸多常识被塞进了一本面向妈妈的书里而已。

不过，能在妈妈们的日常生活产生效果，才算本事。我们都有着美好愿望，希望吃得好，并通过食物的选择来维护自己和家人的健康，但是在现实中，这可能是一件非常困难的事。

正如我提到的，我做了很多准备工作，想让我的家人能够有意识地食用全天然食品。我先是在周日，后又在周三，花几个小时的时间，只为了把这一周的食物准备妥当。我在做正餐的时候，特别是在烤甜薯之类的蔬菜时，总是会多留出一盘烤蔬菜来，准备把它们放进沙拉里。

我不喜欢午餐时候吃剩菜剩饭，但我喜欢在忙碌的早晨让生活简单一些。

下面是一个备餐的例子：

● 每周日我都会做一些健康的饼干，准备装入下一周的午餐盒——通常是燕麦／肉桂／苹果／黑巧克力碎之类的饼干。我使用的是无麸质面粉。这可以给孩子们当零食，而不用去吃从包装里拆出来的。周日晚上，我会做一顿饭（我喜欢在周日烤肉），吃不完的食物就放进第二天的沙拉里。我会泡一些燕麦增加其可消化性（对我来说尤其如此），第二天早上它就变成了粥，可以作为早餐。我会储备一些蔬菜，经常为我和丈夫做两天量的沙拉以应付工作，这样我们就不必早上去吃加工食品了。

● 注意早上摄入蛋白质，重视咀嚼过程（咀嚼，而不是其他趣事），我会在周日做一些火腿，这样第二天的早餐就有了。有时我也会提前做一杯蛋白质奶昔。

● 工作日的早晨，我会用胶原蛋白、蜂蜜和一些新鲜水果或鸡蛋，再加一点牛油果做早餐粥。如果吃鸡蛋，我会加一块健康的面包，旁边可能再放一些烤蔬菜，这样就可以平衡碳水化合物和蛋白质的摄入，开启新的一天。

● 我吃早餐的时间一般是在早上 7 点左右，所以我会在半晌接诊的空隙里再吃些点心——通常是一杯奶昔加上前一天晚上准备的午餐沙拉。

● 接孩子时，车里的下午茶是水果，或者一些坚果、花生酱，也可能是几块奶酪。

● 接下来我们就要吃晚餐了，这一顿通常没有什么特别的。肉类和蔬菜（我很幸运，家里人荤素都能吃）。我们会根据每天的不同情况进行调整。比如，每周二我丈夫开车接孩子回家，因为我还在工作。所以，这一天的晚餐我们尽量在厨房里简单应付一下。我会事先切好蔬菜，以方便烘烤或蒸煮，还会准备好熟得

快的肉类。有时我会腌制一些鸡肉，或者准备一些切得很薄的牛排来煎。

● 我经常使用我的慢炖锅 / 电压力锅。我发现，下午四点半或五点从学校或运动中心回到家，用它炖上一锅美味的鸡腿或咖喱牛肉非常便利。

我还有一些平衡蛋白质、碳水化合物和脂肪摄入的好办法：

● 汤类。我们爱喝鸡肉蔬菜汤、南瓜汤（我有时会在汤里加一点蛋白质含量高的食物，或者把它当成开胃菜）

● 炒菜。炒菜做起来又快又简单。我的孩子们慢慢就喜欢上了吃炒菜，而且让炒菜营养均衡非常简单。就着炒菜吃些糙米、含丰富蛋白质的食物，再加上些蔬菜，非常不错。

● 自制鸡块。鸡肉末，蔬菜末，奶酪适量，裹上荞麦粉，放进烤箱里烤。味道美极了。

● 意大利肉酱面。最近我听说可以把食用肝切成小碎块放进酱汁里。对我来说，这可是一个巨大的变革，它提高了这种主食的营养价值。

● 烤火腿。在韩国时，我把它当成一种简易的早餐的食物之一；现在还会做，方便随手拿着就走。

● 肉汤和蔬菜荷包蛋。在海外生活时，周末我们经常做这样一道美味的早餐。把自制的鸡汤架在炉子上，里边放上几个荷包蛋，再放一些新鲜的绿叶蔬菜，这就提高了汤的营养价值，在冬天食用特别暖和。

● 简单的沙拉。你可以给沙拉加入各种颜色的蔬菜。卷心菜、生菜、甜椒有不同的品种。你可以加入一些碱性健康食用油、香草及不同的蛋白质含量高的食物。

这些事情操作起来都很简单，不过是找到一个适合你的方法而已。

第八章　运动

热爱运动，热爱妈妈给予你的身体。

运动是改变妈妈生活的最好方法之一。就健康妈妈的五大支柱而言，这一支柱可以说是我的最爱。我想其原因是，运动使我的身体变化非常大，而且效果立竿见影。

我并不是说自己突然间就有了六块腹肌（我从来不曾有过一块——有腹肌的人值得点赞）。我说的是我们运动时，对能量转移和自我意识的那种内在感知。众所周知，我们的大脑和身体都在运动中得到成长，运动可以通过许多奇妙的方式帮我们调整状态。

我们呵护大脑最好同时也是最没有得到充分利用的方式之一，就是运动。拔掉我们的弹性桶活塞，让一些卡滞的能量、想法和感觉从桶底溢出来的关键方法之一，也是运动。我不知道你怎么想，但是我想说运动真是"太棒了"。

在本章中，我们将对妈妈运动保健的方法进行探讨。你将会了解：

- 骨盆的分娩创伤及其如何发生
- 疲劳、能量及何时开始运动
- 成为妈妈后运动重要的五个方面
- 肾上腺功能、HIIT 训练及休息
- 安全运动保护骨盆功能

在我看来，妈妈阶段永远不会结束，我们进入这个阶段时，身体就永远地发生了质的改变。孕产期——从女人到妈妈的转变——是一种永无止境的变化，一些身体上的变化也随之而来。不论如何分娩，我们的骨盆都会发生变化，其原有特征发生改变，向前倾斜。我们的分娩方法确实会影响到一些女性的骨盆完整性，而其他女性则可以通过小小的改变来恢复骨盆形态。

说到运动问题，让我举一个我自己的例子。在有孩子之前，我非常健康。我经常玩触身式橄榄球，还觉得每周跑几次 10 千米很好玩，也真的很喜欢去健身房、做普拉提。我当时在一家非常忙的诊所工作，我发现运动很有必要，它能使我的身体撑下去以应对工作。

一怀孕，我就本能地感觉自己应该在怀孕 12 周左右停止跑步，换成快步走，然后再换成摇摇摆摆地走。那只是我个人的想法。我有一些朋友已经怀孕 36 周，还坚持跑步、疯狂地健身。我一直坚持做普拉提、去健身房，直到怀孕 20 周时我们搬到了马来西亚才停止运动。

当时我们住在一个复式院里，当地不鼓励我们出院子，于是，我就常趁清晨天不热，在院里跑几圈，然后去健身房健身、去游泳池游泳，感觉还不错。第一胎临产时，我觉得自己身体上已经准备好了。我做了很多准备工作，因为在我 15 岁的时候，一位放射科医生说，由于脊柱侧弯，我无法自然分娩（看吧，我向他证明了我可以）。怀孕 35 周零 6 天时，我飞回珀斯老家，准备迎接我们的宝宝。多年来，我一直与孕妇、妈妈和孩子打交道，我非常希望自己的孩子能自然降生。事实上，在顺产这件事上，我给自己的压力太大了，这肯定影响了我的分娩结果。

我女儿来得比预期晚一点，出生时已经是怀孕的 41 周零 1 天（超出预产期 8 天）了。整个过程非常漫长。我出现了后羊水渗漏，先是在家里处理，后来就去了家庭生育中心。最后，在没有任何胎动迹象的情况下（经过了好几天），我终于接受了催产、长达 12 小时的分娩、大量检查（这是另一个话题）和硬膜外麻醉。我被推到手术室，预计要做剖宫产手术，结果是通过三度外阴切开术和产钳助产自然分娩。

我相信不止我一个人经历过这样的事。实际上，我也知道我不是唯一的那个。

这次的经历对我的骨盆健康的影响，及像孕前、产前那样运动的能力，影响非常显著。这次创伤之后又过了两三周，我们搬回了马来西亚。于是，我没能去找医生进行产后 6 周的检查，也没有接受物理治疗来促进恢复。我完全依靠感觉"挺好"来引导自己重新开始锻炼。

女儿出生后，一切看起来都很正常。产后 8 周左右，我重回健身房做一些小重量训练，4 个月左右又开始跑步，也没出现什么大问题。回澳大利亚时，我去一位女性保健理疗师那里做复查。我必须通过适量运动帮助自己进一步恢复，于是她给我调整了一些健身动作。

后来我又怀孕了。

这次怀孕期间，我一直工作到 37 周才休息。在此期间，我接诊患者，身体不断朝一个方向倾斜，由于什么都想亲力亲为，可能休息得也不够。怀孕 38 周时，我们搬了家，我在 41 周时自然分娩。这次分娩堪称教科书，十分顺利。我把乔治的出生视为自己的治愈性分娩，完全没用辅助，他直接从子宫里出来，到了我的面前。

棒极了！

我想我当时是在家里，还用软管接水冲洗了个干净。因为在那次分娩过程中我没受到任何明伤，于是我决定像第一次生宝宝时那样再回去工作，根本没有考虑到有两个不到两岁的孩子带来的巨大压力。我丈夫每天出门工作，一天有 14 小时不在家。我自己的家人住在 3000 千米之外，不过我丈夫的家人就住在附近，可以搭把手。我还有一个很棒的社群，给了我不少支持。

由于我想治疗一下腹直肌分离——生育后分离的腹直肌没有正常恢复，我又开始接受起理疗师的指导。我也开始跑步，这很

可能违背了我的直觉，但我想，如果上次我能做到，这次我肯定能做到。我推着一辆双人婴儿车和两个大宝宝跑起步来。他们加起来的总重量接近 40 千克，而且我们还住在一座大山上。我重新开始跑步时，已经是产后四个月后了，但我仍然记得那一天，我真的觉得自己的骨盆底要裂了。

那天，我在山顶上的土坪跑着步，把两个孩子放进双人婴儿车里，从山上跑下来，还穿过了一个崎岖不平的公园。我向左转去，想沿着一条相对笔直的河道往前跑。当时离家大约 600 米，而且离家之前，我绝对已经把膀胱排空了。就在这时，我又有一种去卫生间的冲动，这可不是什么好兆头。于是，我放慢脚步走了一会儿，又开始跑起来，这回不是有去卫生间的冲动了，而是直接小便失禁。我憋不住了，好像我的骨盆已经失去了一切承托的能力。

我的裤子湿透了，一直湿到两条腿的膝盖那里。

这让我意识到一些问题。第一，我的骨盆需要一些更专业的帮助。第二，显然我的排尿功能出了问题。女性生了孩子之后，都可能出现这两种问题。说真的，有谁还记得生完宝宝后的第一次排尿吗？我的天哪，噩梦一般。

我寻求帮助、进行锻炼，试遍所有方法进行治疗。事情一波三折，母乳喂养一结束，我就在一些帮助下，在治疗期内重新开始跑步。然而，情况还是不妙。

我最终不得不接受泌尿科医生的建议，进行手术修复。现在，我的骨盆已经恢复得相当不错了。我很注意保健，现在跑10千米都没有疲劳感。但是我知道，骨盆已经改变了，这种变化也是我为人母之旅的一部分。我曾经对自己的改变感到非常愤怒、非常沮丧，但现在我意识到，这就是我生命的一个阶段。

这个阶段对我来说可能跟别人不一样。也许你成为妈妈前的运动方式和现在不同，可能是生理上不同，可能是情绪上不同，也可能是自己疲惫感不同。

所有这些都讲得通。

⏳ 思考时间

● 你现在的身体锻炼处于哪个阶段？

● 在你的孕产期或分娩恢复期中，是否有什么因素改变了你运动情况？

● 你过去和现在都喜欢的运动是什么？

疲劳、能量与运动

对许多人来说，做妈妈的最大挑战之一就是，有运动的愿望，却因为太累或没有时间无法实现。现在，我是运动改变大脑功能这一理念的坚定支持者，但有时，让我们的身体运动起来、

达成第一次的运动目标、刺激内啡肽分泌使我们产生再运动一回的想法，非常困难。

当一晚上被叫醒几次来喂宝宝时，我们的疲惫感就会处于较高水平。还有，如果你跟我一样，有个爱早起的宝宝，那么早上5点左右，新的一天就开始了。

如果这就是你熟悉的生活模式，那么出去跑个10千米或进行大量的运动训练可能会有点问题。研究表明，疲劳时运动有受伤的风险。在希拉·杜根（Sheila Dugan）和沃尔特·弗朗特拉（Walter Frontera）的一篇文章中，疲劳被归类为大脑疲劳和肌肉疲劳。文章称，肌肉损伤，特别是肌肉拉伤，与疲劳有关。

注意疲劳至关重要。

然而，我们也知道运动很重要，它有助于唤醒大脑、转移能量，以及让我们的生活恢复活力！作为新手妈妈，每天晚上被叫醒6次的时候，我总发现，如果白天能运动一下，与白天没有运动时相比，感觉像中了100万澳元一样神清气爽。身心联系心理学家凯莉·麦戈尼格尔（Kelly McGonigal）在加利福尼亚大学伯克利分校的《至善杂志》（*Greater Good Magazine*）上发表了一篇精彩的文章，名为《运动改变大脑的五种神奇方式》（*Five Surprising Ways Exercise Changes Your Brain*）。我将在这里分享一下这些观念，因为它们都很新奇！

1. 运动增强社会连接

我们都知道运动能够带来情绪高涨。运动不仅能产生内啡肽，还能刺激"别担心，要开心"的脑化学物质分泌，有助于减少焦虑并产生满足感。最重要的是，运动通过增加与他人社交带来的乐趣，有助于增进我们与他人的连接。

2. 运动使大脑更愉悦

当我们运动时，大脑的奖励中心（使我们感到快乐、充满动力、保持希望的中心）会受到少量的刺激。如果在日常生活中能够定期运动，我们实际上会产生更多的多巴胺，也会产生更多可用的多巴胺受体，这就像我们在大脑中产生了更多的快乐点！当我们处于紧张又疲惫不堪的模式时，只要能够降低交感神经兴奋度，我们做得到的任何事情都值得点赞！

3. 运动让你更勇敢

如果我们能养成一种新的锻炼习惯（这并不是指一种新运动，仅指一种习惯），就能改善大脑的奖励系统，也能增强大脑中缓解焦虑的区域的神经连接。定期锻炼可以改变神经系统的默认状态，使其变得更不易引发战斗、逃跑或者受惊吓反应。

4. 与他人一起行动，可以建立信任和归属感

在麦戈尼格尔的文章中，我最喜欢的一段话来自法国社会学家埃米尔·杜克海姆（Émile Durkheim），他在 1912 年写道："集体欢腾描述了个体在仪式性祈祷或工作中，一起行动时产生令人极度兴奋的自我超越感。"这就是舞蹈课、瑜伽课或团体运动课体验很棒的原因。对妈妈来说，这可妙极了，因为释放的内啡肽也能帮助我们建立连接。对我来说，即使是一次家庭散步也

可以促进交谈，减少不愉快，形成更深层的连接。

5. 运动改变自我形象

大脑感知身体在空间中的位置的能力（本体感受），不仅让我们保持安全，而且对我们的自我概念也很重要，也就是，"你如何看待自己，以及你如何想象别人眼中的你"。参加任何体育活动，都能给我们一种瞬时"自我"感觉。

这5种观念和大脑改善都可以由你来实现，妈妈们。你不需要做什么大动作，只要能让身体动起来就行。即使你很累，绕着街区走一圈，跟跳一段网络舞蹈视频，做点能使你产生一些大脑变化的事情，都是一种好的开始，而这将使你的大脑和身体发生巨大的变化！

⧖ 思考时间

● 运动改善大脑功能的五个方式中，哪一个让你跃跃欲试了？

● 想象一下在你最疲惫的早晨醒来。你会想象做一件什么事来唤醒你的身体？把它写下来，贴在冰箱上。让我们看到你开始改变吧！

肾上腺素、休息和 HIIT 训练

我不太想唱反调，但高强度的 HIIT 训练可能对你没有好处。关于肾上腺素、压力和倦怠，众说纷纭。然而，说到运动，如果我们正处于倦怠状态（或只是一般的慢性压力），肯定有一些运动方式能够真正对我们起作用。

在一篇关于过度训练、运动和肾上腺功能不全的综述中，作者布鲁克斯（Brooks）和卡特（Carter）称，过度训练带来的慢性压力会导致肾上腺功能不全。我们还知道，该文献将压力与不健康联系起来，且围产期妈妈的基本脑适应受到压力事件的影响。所有这些都告诉我们：做妈妈会产生压力。

我认为，疲劳和压力是我们需要更加注意妈妈保健的两个原因。如果肾上腺素不足或者无法恢复，长期处于压力之下（正如我之前所说的，一定要去看一位好医生解决这个问题），那么进行 HIIT 训练或其他高强度训练，可能会雪上加霜。我的意思是，如果你的"弹性桶"不能应对日常生活，那么再加上一项有体力压力的运动，可能意味着你的"弹性桶"完全被运动和生活压力联手填满了。情况也可能不会如此。也许运动会拔掉你"弹性桶"底的活塞，但是，在你为人母的某些阶段可能不宜太多运动，记住这点很重要。

让我和你分享一个故事。一天，我和埃米莉聊天，她是一位忙不停的妈妈，她谈论着自己的压力有多么大。她一直睡不好，

145

觉得生活压力真的让她喘不过气。三个小男孩让她忙得不可开交，她竭力去兼顾所有事，这简直把她累垮了。每晚在凌晨 2 点到 4 点之间，她常常会醒来（这是皮质醇激素异常的明显迹象），于是她决定重新开始运动。

她去了当地的健身房，在那里认识了很多别的妈妈，她们都很健康。这只是一天中短短的一段时间，她就在这种环境里获得了舒适感。她从一些入门课程开始，让自己的体态变得相当不错，然后开始参加主要课程。起初她感到肌肉疲劳，她显然能预料到这一点，因为自己已经很久没有这样锻炼了。

然而，情况恶化了。在接下来的几周里，每次锻炼后，她都会出现严重的头痛和严重的肌肉问题。最终，她决定停止这项锻炼，因为显然这对她起不到好的效果了。她去看了全科医生，通过激素和血液检测，医生确定她患有肾上腺功能不全，而她所做的那种运动一直在加剧这个问题。

她的医生建议，为了在运动中降低心率，要进行长时间的缓慢、稳定、有目的的运动。

这引起了我的思考。为了恢复身材，妈妈们多久参加一次训练营类和 HIIT 类的训练，我个人对这一问题非常感兴趣。我们往往认为，即使身体可能还没有准备好，勉强进行短时间、高强度的运动也是没问题的。

这并不是说我们不能运动。然而，做妈妈有时候会带来一些慢性压力，当我们处于这种压力状态中时，也许缓慢地进行一下慢跑、瑜伽、普拉提、舞蹈课、塑形芭蕾，甚至轻度的重量训练，都可能极为有益。

⏳ 思考时间

● 你是否曾像故事中的埃米莉那样，运动后感到疲劳？

● 你目前的锻炼对你有益吗？还是说给你的身体带来了更多压力？

安全运动与骨盆功能

令人惊讶的是，在我们这个时代、我们这个年纪，哪怕像我这样受过良好教育的女性，在分娩后仍然会损伤骨盆，甚至到需要手术修复的程度。有很多保健医师在帮助女性检查、治疗、加强和协调盆底功能方面做得很好。尽管如此，首选还是去看女性保健理疗师或者物理治疗师吧。这些了不起的医师擅长检查肌肉协调性、抬举与放松效果，及其在稳定骨盆方面的功能状态。

我们的盆底肌肉是整个盆腔器官负荷的吊索和支撑机制。正常来讲，随着我们怀孕时间的增长，子宫的重量和大小都在增加，盆底肌肉承受着相当大的压力。我并不是说不应该在怀孕期

间和分娩之后进行运动——事实上，这对我们的排泄控制和健康至关重要——但是，带着对健康和骨盆状态的正念认知去锻炼是必不可少的。

2021 年 3 月，澳大利亚物理治疗协会（Australian Physiotherapy Association）概述了骨盆功能衰弱的已知指标，具体如下：

- 沉重、拖拽、隆起或受压症状，这可能表明盆腔器官脱垂。
- 尿失禁：不自觉的尿失禁。尽管这种情况在两性身上均可发生，但其对女性的影响大于男性。尿失禁与分娩有关，但也与更年期、肥胖、某些类型的神经性疾病及肌肉骨骼疾病有关，还有可能在手术后出现。
- 肠道控制问题，导致大便失禁，2% ~ 20% 的人口受其影响。其危险因素包括产科分娩损伤（三度或四度撕裂）、慢性便秘、肠道手术史及某些肠易激综合征类型的问题。
- 脐部至大腿中部持续的骨盆疼痛。这可能会干扰盆腔肌肉功能，该情况通常与抑郁和焦虑有关。

找专业的理疗师进行产后检查，他们可以提供有针对性的肌肉训练，有助于避免产后漏尿。

2019 年，有学者对 97 名女性进行了盆底研究。研究发现，如果怀孕期间参加能够锻炼到盆底肌肉的、低强度与高强度运动相结合的规范性运动项目，可以改善骨盆功能。

过去，孕期和分娩后的安全运动建议往往是这样的：如果在产后 6 周感觉良好，那么你就可以运动了；如果感觉不适，那就请停止当前运动，去尝试其他运动项目；如果你在孕前做过这项运动，那么你之后去做也应该可以。

如今，安全运动建议已经大不相同了。我更愿意把安全运动建议看作是恢复运动前确有需要的专业指导，特别是对于有过分娩困难的人，如在生产过程中使用了医疗器械，或者进行过剖宫产手术。你只有了解自己的盆底是否完整、腹壁是否有分离，才能真正确定适合自己的运动模式。

无论如何，一般从低冲击力的运动开始是正当之选。在刚开始的时候，重返运动之旅要当心上下山坡、沉重的婴儿车等情况，以降低盆底负荷过大的可能性。有时，小重量训练项目是一个很好的开始，但获取相关指导也是必不可少的。我在一位合格教练的指导下，从普拉提开始恢复运动，感觉还不错，教练还针对我的腹直肌分离进行了动作调整。当我的核心力量恢复后，身体就变得轻松多了。

我认为，树立对骨盆的保护意识是很重要，利于确保你能长远运动的身体条件，是大脑的需要，也是孩子的需要。最重要的，它是你的需要。

 走出母职困境

⏳ 思考时间

- 分娩对你的骨盆底有怎样的影响？
- 你是否存在上述某种症状，需要进一步检查？
- 你可以利用哪些支持或运动来维护盆腔健康？

像一个妈妈一样运动

希望你已经意识到，运动对人体的健康极其重要，不仅关乎身体功能，也关乎精神和情感功能。运动，可以推动建立与他人的连接，可以让你度过美好的一天，可以把你和其他妈妈及朋友们——那些你爱的、给你支持的可爱的人们，连接起来。

运动是我育儿过程的重要组成部分。当我感到艰难沮丧时，它能帮助我获得一种自我意识。运动并不一定要以某种固化方式呈现。它可以很简单，可以是穿着睡衣在客厅里的 10 分钟活动，也可以是一次带着孩子和狗狗的散步或跑步。

说实话，对我来说，运动常常就是清晨穿着睡衣活动一下，或者是在接孩子放学前的 30 分钟空闲时间里，去散个步或跑个步。我很少打扮漂亮再去活动；当然，也没有穿着配套的运动服，不过，我运动时经常会听一些我年轻时喜欢的音乐，这样可以给我带来一些记忆中的活力。

与仅仅设想自己能挤出时间来运动的情况相比，当我在一天中有意识地为运动分配出时间时，我运动的可能性要高出 80% 左右。这有点像写日记和选择健康饮食。必须有点计划性，这样才能得到身体需要的运动刺激。

你的时间投入是值得的，宝妈们。这样做不是为了自己的外在形象，也不是为了减肥或者增肌。这关乎你的内心。你的内心渴望运动。

第九章　思维

把我们的疯狂转化为平静、焦虑转化为深呼吸、被动反应转化为主动连接——这就是母性的力量所在！

思想和平复力中蕴含的能量，是妈妈重拾健康和"自我"的最好手段之一。有些时候情况会很棘手，而在另一些时候则是一种痛苦。

在日常生活中，我们经常面临的一些压力和紧张会产生一连串的积极反应，也可能会产生一连串的糟糕想法。树立自我对话意识，了解改变自己想法的方法，去拥抱平静，会是一个巨大的转变。在这一章中，我们将探讨如何通过改变内部世界来改变外部世界。

对一些人来说，这个话题可能会引发担忧，我恳请你在需要时寻求专业咨询。将这一章内容与朋友共享，也能让学习看起来不那么困难。如果本章内容对你来讲很轻松，也许你可以和一位宝妈朋友聊一聊，她可能正在经历一段艰难的时光。

在本章的最后，你应该会对如何像一个冷静的妈妈一样思考有更深刻的理解，特别是以下几个方面：

- 自我对话和积极心理学
- 三步法将积极的自我对话付诸行动
- 思维倾向与妈妈身份：追求平静
- 让平静融入日常的七种方法
- 在疯狂的世界中保持冷静的力量
- 用肯定语做平静妈妈
- 进行呼吸练习做平静妈妈

我们都有过艰难的时候。其中，那些成功掌握了一系列方法，能像冷静的妈妈一样思考的人，可能在生活中处理过一些十分糟糕的事情，我是说，他们可能真的深陷其中过。我也有过这样的日子，也曾想，到底怎么会这样？我紧紧依靠着我见多识广的朋友们，同样，她们也会依靠我。我进行过个人发展、自我对话、写日记等有益尝试，在此过程中也犯了一些错误。

这些做法效果明显，我发脾气的次数越来越少。我感觉自己和孩子们的联系更紧密了，也能意识到自己什么时候需要出门透口气、深呼吸，重新调整状态。我希望你在追求充满活力、健康快乐的为母体验时，能够一路远离倦怠，掌握一些方法，有效应对生活中的紧张、压力、崩溃和挣扎。这些方法将帮你认可自己、驾驭自己、拥抱了不起的自己！

自我对话

自我对话是指我们在脑海中与自己进行的对话。在我们照镜子、成功搞定一笔生意、做成一个蛋糕、换完一块尿布，或者做成任何自己引以为傲的事情时，我们听到的小声赞美就是自我对话。在我们照镜子时，耳边响起的那些说我们不够好或者告诉我们应该这样或那样的声音，也是自我对话。深入了解这一点，培养自我对话的能力，也许能把糟糕的日子变得更美好一些。

想象一下，有人整天跟着你，告诉你：你太胖了啊！放下吃的吧！还得再使劲儿啊！你做得不够好啊！孩子们不爱你啊！如果你这样做才显得更在乎他们啊！你应该开心啊！真会享受啊……

你会有什么感觉？糟糕透顶！试想，如果有人整天围着你的孩子，对他们说一些刻薄的话，你会怎么样。我敢肯定你"虎妈"的一面会跑出来。一定会这样，人之常情。

现在，想象一下，你有一个啦啦队队长整天跟着你，说着一些诸如此类的话：你能行！继续加油！做得很不错。你是一位了不起的妈妈！选得好！赢定了！你今天真漂亮！势在必得！你穿那条裤子真好看！

光是读到这儿，我就很高兴，精神为之一振，让我觉得应该立刻跑到镜子前，把这些说给自己听！我希望我的孩子们能有这样一群朋友，把这些话说给孩子听！希望能有这样一位老师，在孩子身边积极引导他们、支持他们。如果我们想让最爱的人拥有这些，那为什么我们不渴望自己也拥有呢？

如果你有能力成为自己的啦啦队队长，就可以改变生活。

积极心理学

积极心理学是一个正在兴起的研究领域。简单来说，它是关于研究心理状态、人的思想如何在积极框架下发挥作用，以及这种积极性如何影响我们生活的其他方面的学问。妙佑国际医疗（Mayo Clinic）有一篇关于如何通过改变自我对话来减轻压力的文章写得很不错（我将在后面详细介绍）。在任何情况下，我们都可以通过多看积极方面、少看消极方面来拥抱积极思维：这是种很简单的均衡。把这种积极性融入脑海里持续不断的自我对话中，真的可以改变我们思考的方式，改变我们看待世界的方式。

妈妈们很容易陷入自我批评模式，走出批评模式、进入积极模式的能力，可以通过学习获得。这些年来，和我打交道的一些妈妈，通过这种简单的调整，就能提升并改变自己的生活状态。布琳·布朗认为，在重新学习自我批判思维时，我们可以遵循以下三个基本步骤：

第一步：识别消极想法

第一步是审视我们的思维模式，辨别其是积极的还是消极

155

的。我发现每当有我不喜欢的事情发生时，我就会消极地说"生活真完蛋"。这给我的身体系统带来了非常负面的刺激，有趣的是，从这儿开始，我的皮质醇或者叫压力激素就会激增，什么事儿似乎都变得更加困难了。

你可能会发现自己存在以下某种行为：

- 个人化：发生不好的事情时，你便责怪自己。有人取消了和你去公园玩耍的约定，你会认为：那是因为他们不想和你在一起。

- 两极化：事情不是好就是坏——你要么是完美妈妈，要么是糟糕妈妈，中间几乎没有合格妈妈的空间。

- 过滤化：虽然你一天做了很多了不起的事，但是你会过滤掉这些事情，紧盯着那些没做的事或者以后怎么可以做得更好。在妈妈的生活里，如果你喂饱孩子，还能运动，做一些工作，你就是人生的赢家了。

- 灾难化：即使没有灾难，也要做最坏的打算。在实践中，我称之为"在马群中寻找斑马"❶。你是如何在日常生活中践行这一点的呢？托儿中心给你打电话，你的脑子立刻想当然地认为

❶ 在国外医学领域，流传这样一句话"当你听到马蹄声时，想想马，而不是斑马"（"when you hear hoof beats, think horses, not zebras"），指做出诊断时要关注最有可能的情况，而不是不寻常的情况。——译者注

是可能孩子因为过敏或摔断胳膊被送进了医院，而实际上更有可能是孩子流鼻涕，需要换新衣服，也可能是你的缴费还没有到账。

⧗ 思考时间

● 请写下过去几周或过去几个月里潜入你脑中的消极想法。

● 在写这些的时候，认真感受身体的反应，在你大声重复这些时，体会自己的感觉。

● 你喜欢这种感觉吗？

第二步：挑战消极思想

现在，当这些消极想法进入你的生活中的时候，你开始能意识到了。它们会告诉你，你的工作做得不够好，天要塌了，没有人喜欢你。下一步就是向它们发起挑战。那么在出现这些想法时，怎样才能改变你的思维模式呢？

消极想法出现时，识别它、制止它，一遍又一遍地重复，识别并制止就会成为你的第二天性。之后这种想法仍然会时不时地冒出来，不过，一旦你认识到这一点，就可以选择接受它，或者

选择改变它。我们来看一些例子。

我真差劲：今天没能把所有房间打扫干净。	可以变成	我今天把浴室收拾得很好。能抽出时间来打扫，我很自豪。
作为一个妈妈真是失败：孩子们晚餐又要吃鸡块了。	可以变成	孩子们有东西吃，他们饿不着了。
生活真完蛋。	可以变成	要热爱生活！
我又迟到了。我总是迟到。为什么我不能振作起来？	可以变成	这次迟到没关系。我明天会做得更好，争取准时，我信心十足。

⌛ 思考时间

- 写下你的一些消极思维模式以及对抗它们的替代方法。
- 其中哪一项替代方法最容易被接受？
- 你决定把哪个替代方法纳入你的生活？

第三步：将积极的自我对话付诸实践

利用你新发现的积极的自我对话，开始付诸实践吧。这相当于在你的生活中培养一个新习惯，它不会一夜之间形成。正如我前面提到的，妙佑医疗国际有一个很好的行动框架，我想和你们分享：

● **确定需要改变的地方：** 利用上面的思考时间，确定你想要加入更多积极思维的地方。

● **自我检查：** 定时（我用闹钟来提醒自己）检查自己的思维倾向。你的状态怎么样？把它记录下来，可能会有所帮助。

● **笑看不如意之事：** 一开始，就抱着一种一笑而过的愉快心态来对待棘手的事，真的能改进实践效果。在一顿捧腹大笑之后，谁能不感觉积极乐观呢？学会自嘲、学会嘲弄困境，可以改变事态发展。

● **与积极乐观的人为伴：** 如果可以，为自己营造一个积极向上的环境，那会让这种意识转变更轻松。

● **每天告诉自己你很棒：** 说真的，每天都要练习积极的自我对话。今天你可以积极面对什么呢？你的声音是你一生中最常听到的声音；对自己说些什么，这个选择权掌握在你自己手中。

⏳ 思考时间

● 对你来说，这些积极思维方式中，哪些更容易执行？

● 写下你每天都想对自己说的五句话。

思维倾向与妈妈身份：追求平静

在我们的生活中，对平静的渴望是真实存在的，关于平静的思维倾向是我们不能忽视的一个因素。许多不同的因素（如我们所处的周期、孩子、月亮、从床的哪一边醒来等）都会影响平静。我认识的最冷静的妈妈也有不冷静的时候，但我注意到，她们能有意识地认识到这一点，并做一些事情来稍作改善。

我以前最讨厌别人让我"安静下来"。我并非那种总能安安静静的孩子，忙忙碌碌、情绪高涨是生命对我的一种馈赠。我清楚地记得，当我还是个孩子的时候，在很多个星期天的早晨，我坐在教堂里，妈妈或爸爸把手放在我的腿上，轻声地告诉我要安静下来。我总是对身边发生的事情兴奋不已。我当时有点无所不知，所以总是想把我知道的分享给任何愿意听的人。我想努力做到最好，成为最好的自己，并对所有这些前景感到非常振奋。

这也意味着，由于我的天性，随着年龄的增长，我必须学会在生活中培养平静的品质：追求一些安静空间来建立社会连接，最重要的是与自己相处，这样，我就能以更好的状态出现在对我重要的人面前。这也是我最大的学习成果之一。

到目前为止，我们已经很清楚什么是倦怠状态，在这种状态下，我们无法继续保持一直以来的身体状态。对价值观和梦想的不懈追求，对养育子女的追求，对要照顾好除自己以外的所有人的追求，最终也无法继续下去。

前文中，我分享了自己的故事，讲到用头撞了我的儿子、迷走神经和压力。故事从我儿子的一次没有恶意的头部撞击开始，这次撞击加剧了所谓的枕骨神经痛，感觉就像有蚂蚁在我后脑勺上爬来爬去。经过某种脊椎护理后，这种情况得到了缓解。大约一周后，我注意到脸上有一种刺痛感，有时候整个脸还会变红。我还在三个月内增重了 10 千克——这是体内失衡的一个明显迹象。

我当时很害怕自己患上脑下垂体瘤，或者患上多发性硬化症。有时候知道症状比不知道更可怕，相信我。与此同时，我在家里正经历着一段高压时期，诊所的业务也正在蓬勃发展，一切都蓄势待发。随着时间的推移，情况不断升级，这时我的身体向我发出一些要面对的声音。

多次检查发现，我的肠道中有寄生虫，似乎是寄生虫引起了某种奇怪的炎症和面部变化。经过几个月的治疗和营养支持，我减掉了 10 千克，肠道也恢复了健康。

然而，这还不算完。我意识到这还让我付出了一些别的代价，那就是我的情绪管理。我已经忘记了如何去拥抱平静，一天是这样，一周是这样，一个月也是这样。我一直在服务别人，却忘记了服务那个最重要的人：我自己。

> ### ⏳ 思考时间
>
> ● 日常生活中，你在哪些方面感到过心力交瘁？当时你的内心深处是什么感觉？
>
> ● 如果你能够帮助自己，你会做什么？
>
> ● 那会让你感觉怎么样？

让平静融入日常

下面是我在生活中保持平静的 7 个方法，轻松且不让人反感：

● **醒来时注意喝点温水或热水：** 我会把水烧开，要么依偎在床上，要么依偎在日出时的阳台上，喝上一杯热水。水掠过我的嘴唇，进到我的嘴里，向下流去，凭着对水的感知，平静也就随之来了，就这样缓缓开启自己的一天。

● **先考虑自己再选择运动：** 从我前面的故事中你可能会发现，快节奏的运动一直是我的最爱。然而在这段需要平静的时间里，我不得不选择缓慢而有目的性的运动，如没有时间限制的慢跑、瑜伽、普拉提等。我家门外还放着一辆健身脚踏车，这样我就能享受到户外运动的乐趣。

● **户外时间：** 忙碌的一天肯定会让人疲惫不堪，意识到这一点对我来说意义重大。到户外进行晨练，是让我内心更加平静的关键。仅仅在外停留片刻，感受一下风吹在我的皮肤上、阳光照在我的脸上、大地踩在我的脚下，甚至只是接送孩子上下学，都能让我的内心重归平静。

● **休息：** 允许自己进行午休很重要。停止对待办事项清单的不懈追赶，知道什么时候该适可而止、什么时候该躺下睡觉，这是至关重要的。

● **早睡优先：** 这个简单的转变，意味着我向睡眠充足又靠近了一步。请注意：在理想的情况下，我们女性每晚应该睡 7～9 个小时。现在我知道，有了小孩子，我们可能会经常从睡梦中被叫醒，我现在还会这样！然而，坚持睡眠充足的准则，对于保持冷静非常重要。

● **再次学会呼吸：** 是的，那件我们每天做的、能让我们活着的事情，对我们的平静指数有重要影响。当我们感到不堪重负、忙个不停和压力袭来时，一个简单的呼吸调整就能让我们回到平静的状态。

● **连接自己的乐趣和快乐：** 在做完一些能给我带来巨大快乐的事情后，我总是会更加平静，比如随着超大声的音乐跳舞，扯着嗓子唱歌等，所有好玩的事情！

● 这七个让你恢复平静的方法中，哪一个对你有用？

● 你希望它带给你什么样的感觉？

不平静的世界中的平静力量

可以肯定地说，2020 年和 2021 年是我们人生中最不稳定的年份。这两年间，有一些问题凸显出来，而在此之前，我们甚至不知道它们会成为问题。比如，在一个高度连接的世界中会没有运动，新冠病毒大流行不仅会影响健康，还会考验友谊、价值观以及两者之间的一切。

这种平静的缺乏造成了一种动荡，这种动荡已经开始成为人类生存的基础，它影响着我们的神经，在人体系统中产生了创伤反应，如创伤后应激障碍之类，使人体更容易进入持续性的、经常性的战斗或逃跑反应。

现在用这些方法来抚慰我们的心灵，最适合不过了。这些召唤平静的技巧，可以在压力时期培养——哪怕只是你的身体感觉到有外在压力时也可以——所以，即使压力是由外部世界引起的，你也能平静地从中走出来。

应激反应是一种本能反应。我们在前文探讨了它如何作用于人体系统。但知道你能做什么、为什么这么做，找回你的平静，才是最重要的。能够有意识地认识到自己的内在力量，本身就非常强大。而这种平静状态是妈妈的一种超能力。

保持平静的关键在于：

- 意识到你不再平静

- 确定不再平静的原因

- 明白你现在是否可以做些什么改变它，或者你是否需要放过它

- 使用平静技巧（呼吸法对我来说很有效）

- 做出选择并重新构建体验

- 保持冷静

平静技巧的掌握需要时间来实践。是的，我有时还是会失去冷静。在我家，每天早晨都很让人抓狂。但当我察觉这种感觉开始在心里涌动时，就把它制止了。我会倾听内心的声音，尽量不在当下发作，选择保持冷静。

这也可以成为你的超能力！

⧗ **思考时间**

- 生活中，最让你感到不平静的事情是什么？
- 哪种方法对你有效？
- 你想要的平静是什么样子？

用肯定语做平静妈妈

强大的妈妈可以通过肯定语的力量去拥抱积极的思维、积极的想法和积极的行动。注意不要误会，我以前认为，所有这些东西都是天方夜谭！但是，这种途径确实有效，非常有效。

和积极的自我对话一样，肯定语也是我们搞定一天的最好方法之一。我把这些肯定语贴得到处都是，镜子上、车里、手机壳上，随处可见。张贴肯定语是积极的自我对话的视觉提醒，再加上我们将其内容读出来的大声提醒的话，会使情况大有改观。

肯定语的力量已经在社会心理学研究中得到了探索。根据心理学家凯瑟琳·穆尔（Catherine Moore）的说法，肯定语是基于"自我肯定"理论的方法。它分为三个步骤：

1. 自我认同

我们通过全面或广泛的自我概念来保持自我认同。这就是说，我们可以用很多不同的方式来定义成功，因为我们不会只用一种固定的方式来定义自己。

2. 不苟求完美

该理论认为，自我认同有利于增进个人价值感，促进我们培养道德感、变通性和善性。

3. 自我完整性

肯定语使我们真正得到认可和赞扬时，我们就保持住了自我完整性。通过说这些肯定语，我们不是希望由此得到认可，我们本身就是那肯定语中所说之人。

对妈妈来讲，肯定语为我们提供了一条途径，让我们能够成为自己可以成为的人。这不仅是指育儿方面，更指我们的自我意识。成为妈妈后，我们常常会丢掉那种自我意识。而在成为妈妈之前，我们的自我意识又是非常模糊的。肯定语是一种强大的工具，可以用来反思我们可以成为什么样子、想要成为什么样子，并把它变成我们日常生活的一部分。

在写作本书的时候，我的肯定语有：

- 我身强体健，胜任力强，家庭和谐。
- 我选择健康养生的食物。
- 我每天都爱自己，爱运动！
- 我的生活充满乐趣。
- 我是一名作家（当前我正在写一本书，所以写这么一条）。
- 我倾听自己内心的声音，因为我的想法就是我的真情

实感。

● 你以前用过肯定语吗？

● 目前，你最重要的五个肯定语是什么？

● 你可以在哪些地方把它们贴出来、说出来、表达出来？

呼吸练习与保持平静

像一个冷静妈妈一样思考的最后一个组成部分是呼吸练习。我认为最能改变生活的方法就是每天进行呼吸练习。这听起来很简单，对吗？我们本来每天就在呼吸以维持生命。

在此，我要交代一下故事背景。不出所料，作为一名业务繁忙的女性，呼吸的力量在我身上一度失效。我会冲到这儿、冲到那儿，把一切安排妥当，待办事项清单上的事儿一条不落地做好，然后倒在床上，睡个不安稳的觉，从头再来。

我敢打赌，对你们一些人来说，这也是一个熟悉的场景！

身处倦怠危机时，我很需要找一种方法来控制自己的迷走神经，在我的世界里找回平静。非常幸运，我有一个很棒的朋友，她是教平静呼吸法和瑜伽的。事实上，我在一门课程中与她有合作，课程名叫《6个星期重置妈妈状态》（*6 Week Mama Reset*）——6个星期，你也可以！——她就是冷静又耐心的考特妮·莫里森（Courtney Morrison）。当时她开始教我一些简单的方法，我也由此真正涉足这个领域。

我曾经把这些方法教给一些人，改变了他们每个人的生活。现在，我要分享给你们。

在我们开始之前，有以下情况者请注意，呼吸练习可能不适合你，你需要先咨询你的全科医生或保健医师：呼吸短促、胸痛、昏厥、呕吐或头晕。这些症状均表明身体有其他病症，在开始这些呼吸练习之前，必须进行全面检查。

现在，我们进入正题！

我想向你们介绍两种主要的呼吸方法。第一种是简单的箱式呼吸。

（1）想象一下，你面前有一个箱子，箱子的各侧面相同。

（2）想象一下，吸气时，你由箱子左侧向上移动。

（3）当你横穿顶部时，请屏住呼吸。

（4）当你由右侧向下时，请呼气。

（5）当你横穿底部时，请屏住呼吸。

就是这么简单。

我喜欢每个步骤持续4秒。

按照这种方法做2遍，我立刻就感觉平静了；做10遍，我

就能彻底改变我的一天。

然后我会问自己，我需要的是什么？我现在到哪一个阶段了？接下来是什么？

这种方法让我可以专注当下需要做的事情。任何事情都一样，熟能生巧。

⏳ 思考时间

- 请试一下简单的盒式呼吸法，坚持做 2 ~ 5 遍。
- 你感觉怎么样？
- 你觉得你的状态怎么样？
- 做完呼吸练习之后，你还需要什么？

第二种呼吸技巧是一种简单的瑜伽呼吸法，我喜欢称其为交替鼻孔呼吸法。我虽然不是瑜伽爱好者，但我发现这种调息法时，立刻被圈粉了。当然，这种技巧最好是在瑜伽课上或者在呼吸训练师的指导下进行练习，不过，我汇集了一些资源，可以帮你入门。

我第一次做这个练习时，感觉一股突如其来的冲击直奔我的眉心轮❶。我感觉我能意识到大脑对外部世界的感知。根据研

---

❶ 眉心轮也称为三眼轮，是脉轮概念中人体的第六个能量中心，位于眉心，也是第三眼所在的位置，超越情感层面，进入心智层面，掌管我们的直觉、记忆力和灵感创意。——译者注

究员普蒂格·拉古拉吉（Puthige Raghuraj）和雪利·特列斯（Shirley Telles）在《应用心理生理学与生物反馈》（*Applied Psychophysiology and Biofeedback*）杂志上发表的一篇文章，交替鼻孔呼吸法的好处有：

● 调节神经系统。有意识的深呼吸可以调节你的神经系统，使之摆脱压力，启动副交感神经系统，进入平静状态。

● 降低血压。减缓心跳，进而降低血压。

● 坚持练习，可以改善呼吸。该方法可以增强氧气流动，呼出更多氧气，从根本上改善肺部健康。

● 降低呼吸频率，进而降低恐惧和焦虑。该呼吸法会触发身体应激反应的功能。持续缓慢的呼吸可以降低我们身体系统中的焦虑感。

请参照以下指南，循序渐进地练习交替鼻孔呼吸法：

（1）找个地方安静地坐着：地点不必很正式（我经常早上坐在床上）。

（2）吸气。用右手拇指盖住右鼻孔。将食指和中指沿鼻子朝鼻梁方向放置（我喜欢把这两根手指放在眉心轮区域来增强意识），把无名指压在左鼻孔上。

（3）释放无名指的压力，打开左鼻孔，缓慢呼气，将气体全部排出。

（4）用无名指堵住左鼻孔，将拇指从右鼻孔上移开，从右侧平稳、持续地吸气。

（5）一旦肺部空气完全吸满，再从同一侧（右鼻孔）呼气。

（6）堵住右鼻孔，打开左鼻孔，从左侧慢慢吸气。

重复这个过程。我喜欢做5遍，而且肯定是坐着做的。有时，它会给我带来一种预料不到的轻松感。我喜欢这种感觉：这是我与自己的连接，也是我在忙碌生活中渴望的。

⌛ 思考时间

- 试着做5遍交替鼻孔呼吸。
- 你感觉自己哪里发生了转变？
- 你感觉怎么样？
- 它可能在哪些方面对你产生影响？

第十章　睡眠

幸福就是睡在妈妈身边，这种幸福无关年龄。

睡眠，对我们很多人来说，都是为母之旅中严重缺失的重要环节。记得在我成长的过程中，人人都爱拿睡得像个婴儿来开玩笑，好像这是世界上最美好的事。后来，我最好的朋友一下子生了三个宝宝，我起初就意识到她的生活绝对会乱作一团。相信不只我一个人这么认为吧。

睡眠作为衡量标准，是"好妈妈与坏妈妈"问题中使用最多的指标之一，而这一问题，我想我们人人都会身陷其中。有很多社会压力在其中发挥作用，我们是否能让孩子按照特定的作息时间睡觉，那将表明我们是好妈妈还是坏妈妈。只要我们按照特定的方式做事，不管他们的期望是什么，我们都是好妈妈，我们都有好孩子。这是什么鬼逻辑，怎么能根据孩子的睡觉情况来对妈妈的育儿进行评分呢！

在本章结束时，你将基本掌握以下内容：

- 睡眠对妈妈的重要性
- 睡眠剥夺及其对健康的影响
- 价值观与睡眠选择
- 妈妈视角下的睡眠
- 如何让妈妈睡得更好：
  - 新生儿时期
  - 幼儿时期
  - 少儿时期

现在，我是一个总想把事情做"对"的妈妈。我想要一个能睡觉的孩子，因为这显然意味着我把她喂饱了，尿布给她换好了，孩子快乐又健康。我陷入了"好妈妈迷思"，认为睡眠是表明我有多"适合"做妈妈的指标。

上天知道我需要这样一段经历，很可能是为了打开我的眼界，树立我的意识，改变我对整个为母之道的认识，甚至还可能让我为写这本书做好准备。就这样，我的女儿玛蒂尔达出生了。我已经谈过她出生的故事了，但她出生的本性（我相信）及其刚出生时在世界各地穿梭的压力，传递到了其兴奋的神经系统里，影响了她的睡眠。数月来，她每隔一两个小时就会醒来一次。

我们什么都试过了。我觉得自己是个失败者，读了所有的书也没有用。

那些粗暴控制哭泣类书籍，提倡让她哭到睡着——这只会让她更加焦躁不安。温柔教养类书籍——确实有用，但花了过多的时间来安抚她。

我真觉得自己整天都在盯着她的睡觉周期、逮着机会就哄她睡觉。我尝试了只管吃吃睡睡的需求模式，效果还不错，但我还是渐渐地感到累了。

事实上，她只是在努力去适应这个巨大的外部新世界，于是我们便一起进入了这些压力循环。正如我之前谈过的，回头看，当时我身边缺乏支持，没有妈妈群体可以依靠，这正是我当时压力负担很大的重要原因。我觉得自己处理得不错，但是确实挣扎过，也并没有像我以为的那样百分之百地掌控局面。

直到最近几年，我才开始反思这段经历对我的睡眠造成的长期影响。研究显示，新手妈妈睡眠质量差会导致抑郁和焦虑，而根据杨媛（Yuan Yang）等人 2020 年在精神病学前沿（Frontiers in Psychiatry）网站上发表的一项睡眠障碍方面的综合分析，67.2% 的女性产后会出现睡眠质量差的情况。

从对自己睡眠的研究中，我总结了几点经验：

- 一晚上睡不好是可以控制的。
- 两晚上睡不好就让我有点暴躁。
- 一星期睡不好，会对我的情绪、健康和适应能力产生实实在在的影响。

我希望在本章中，可以提供一些方法、提示、技巧和知识，帮助你提高睡眠质量（至少每周能有这么几个晚上），让你恢复活力！因为，有活力的妈妈才是健康的妈妈，而健康的妈妈是相互连接的妈妈，这些特质我们都想要！

⏳ **思考时间**

● 对你来说，睡眠质量差是什么样的？你什么时候最容易睡不好？

● 你能忍受的睡眠不足的极限是多少？是像我一样的三四天都睡眠不足的"忍者"吗？还是你在早年就适应了，可以坚持数周还不用补觉？

● 对你来说，优质睡眠是什么样的？需要睡几个小时？

睡眠剥夺及其对健康的影响

埃里克·苏尼（Eric Suni）在睡眠基础（Sleep Foundation）网站上发表的一篇文章称，成年人每晚睡眠时间达不到 7 ~ 9 个小时的时候，就会发生睡眠剥夺。这些年来，我和成千上万的妈妈交谈过，尤其是在孩子刚出生的那几年，她们的睡眠时间并不规律。不出所料，睡眠基础网还告诉我们，学龄前儿童每天需要10～12小时的睡眠。我的本意不是要引发你的睡眠匮乏感和自我恼怒，只是想给你们了解一下理想的睡眠时长的概念。

"睡眠剥夺"指的是睡眠时间不足，而"睡眠不足"指的是睡眠时间或睡眠质量没有达到需求。

有趣的是，睡眠剥夺有三种定义。第一种是"急性睡眠剥夺"，指的是短时间内（几天或更短时间）睡眠时间显著减少。在妈妈的世界里，孩子生病时，可能会发生这种情况。通常会持续1～6个晚上，特别是几个孩子先后轮流生病的时候，我们得熬夜照顾他们。等事情过去了，接着我们又能恢复正常的睡眠模式。

第二个定义是"慢性睡眠剥夺"。美国睡眠医学学会（American Academy of Sleep Medicine）将其定义为"持续三个月及以上时间的睡眠减少"。我想说的是，新生儿阶段可能会导致妈妈慢性睡眠剥夺。有些孩子一旦过了新生儿阶段，还会继续醒来捣乱，孩子有这种情况的家庭，也可以说是发生了慢性睡眠剥夺。坦率地说，在我接触的妈妈中进行一次投票的话，可能有超过50%的家庭有这样的情况。

最后一个定义是"慢性睡眠不足"或"不充分睡眠"，指的是一种整晚睡眠不足和睡眠中断相结合的情况。这是我们很多妈妈在职场会陷入的一类情况。由于需要自己的个人时间，我们熬夜到更晚，然后等到上床睡觉的时候，可能最多就只能睡5～6

小时了，要知道，我们还是可能会在夜里被叫醒。

看到这些信息，让我有点灰心。我不知道你们怎么想，但我觉得作为妈妈，我们注定要踏上一条艰难的路。如果进一步观察睡眠剥夺对健康的影响，最初其与我们在为母早期的许多预期并没有太大的不同：

- 思维迟缓
- 注意力持续时间减少
- 记忆力下降
- 决策能力变差
- 精力不足
- 情绪不稳定

然而，一旦我们进入了慢性睡眠剥夺的阶段，各种各样的健康问题就会出现。根据睡眠基础网站，睡眠会影响我们身体系统的大部分功能，并使我们面临以下风险：

- 心血管疾病。这可以表现为高血压、冠心病、心脏病发作和中风。
- 免疫缺陷。这是缺乏睡眠而导致的身体免疫功能下降。
- 肥胖和糖尿病。我相信很多人在怀孕期间都患有妊娠糖尿病。睡眠会影响血糖的调节，从而增加糖尿病和肥胖等疾病的风险。如果我们能治愈睡眠障碍，就更有可能改善代谢和能量平衡。

● 疼痛。由于我们越来越久坐不动的生活方式及社会上慢性疼痛数量的增加，通过良好的睡眠习惯来缓解这一情况，可能是最重要的生活技巧之一。睡眠中有很多因素可能会加重疼痛（比如疼痛发生的位置），进而形成一个艰难的睡眠疼痛循环。

● 心理健康障碍。多年来，睡眠和心理健康之间的联系已经为人所知。睡眠不好与抑郁、焦虑和躁郁症之间的紧密联系，在研究文献中显而易见。作为妈妈，由于缺乏睡眠，我们更有可能焦虑或抑郁。澳大利亚围产期焦虑和抑郁服务机构的统计数据表明，多达六分之一的妈妈至少有一种或两种相关症状。睡眠质量下降对大脑的影响非常大。

● 孤独。睡眠状况会影响我们与他人的连接，左右我们的孤独感，这也会产生巨大的健康后果。

● 压力反应。这对妈妈们来说不足为奇，但睡眠不足时，我们对低压力源的反应与充分休息时对高压的反应大致相同。大概意思是说，我们越缺乏睡眠就越脾气暴躁。我确信，我们都对这种情况深有体会。

毫无疑问，压力负荷会影响我们的睡眠，而睡眠又会影响我们的身体。这对我们的免疫系统健康、压力知觉和日常生活产生的影响是巨大的。

作为妈妈，特别是如果我们出门在外上班，每天的工作量巨大。我们被期望在几乎没有支持的情况下，完成如此多的事情，白天没有完成的工作被推到晚上或第二天，而那又将增加第二天的工作量。因此，我们熬夜完成工作，没有足够的睡眠时间，让自己陷入一种慢性睡眠剥夺的状态，如此循环往复。

我希望，通过了解睡眠剥夺对我们的影响，我们可以在日常生活中引入一些方法，让睡眠能够更有效地恢复我们的身体系统、健康和精神状态，能活出真正的自己。

⧗ 思考时间

● 你的睡眠受到了什么影响？有没有一件事真能让你睡眠失常？

● 你是否意识到了它对你的健康的影响？

价值观与睡眠选择

当我们改变自己的睡眠模式，远离自己固守的社会期望范式时，就可以明白睡眠和价值观是如何交织在一起的。生而为人，我们可以根据当前处境来调整自己的价值观。

这就是我总让妈妈们认真思考她们在当前时空中的身份的原

因。你是谁、为什么它对你很重要，这些都是我们在讨论睡眠时需要考虑的有效因素。当我们从自己最在乎的角度来看待睡眠需求时，情况可能就会发生些许变化，向着从长远来看更可持续的方向发展；或者我们至少能够承认，如果愿意，自己可以选择做得更好。

我有一个朋友（就叫她 MJ 吧），她的健康状况不太好。MJ的生活总是忙忙碌碌。她有工作，还是一个单身妈妈，70% 的时间都在照顾孩子。孩子们非常不让人省心，其中一个患有自身免疫性疾病，这让每天的压力负荷和管理难度雪上加霜。她每天都在与自己的心理健康和生活热情做斗争。

情况变得越来越艰难，她发现自己喝的酒和咖啡越来越多。我们就此聊了聊，她在饮食上调整了足足一个月。后来我联系她了解进展，希望她有所改善，但 MJ 自己说感觉基本没有什么改观。她觉得，没有了乐子（每天晚上喝葡萄酒），对她的状态完全没有好处。

于是，我又更深入地了解了一下。她经常熬夜到晚上 11 点或 12 点，这样就可以把白天没能完成的家务事都做完。她真的很想营造一种能自己掌控生活的单身妈妈的感觉。她太担心自己放松警惕、寻求帮助，太担心自己看起来像个输家和弱者，于是就把自己逼进了深渊。

我们审视了她的价值观，家庭和健康都在其中。于是，我们重新定义了睡眠的重要性。我们对她一天的时间安排进行了研

究，想了办法来获取一些支持，这样她就可以再找回一些睡觉的时间。这些支持的形式有：让她的妈妈来帮忙带孩子；她自己稍微缩短一下工作时间；把一些家务事分给孩子们做。她每周安排一些"无酒精日"，让大脑在晚上能更好地休息，午饭后也不再喝含咖啡因的饮料。还有，她重新开始做一些运动，头脑也由此变得清晰起来。不到一个月，她就觉得跟从前的自己差不多了。欢迎回来，MJ!

我知道这不是一个大家闻所未闻的故事。事实上，我们可能都在不同的阶段有过这样的经历。我不得不学会放弃对房子外观上的一些设想；我赶着出门时，无法让一切都完美无瑕，这也是可以接受的。如果看过我的直播视频，你就会知道，从来没什么变化! 要不然，我就得熬到晚上 10 点或 11 点，来把细枝末节一一搞定。

时间还早得很、精力也充沛的时候，我会按照每日 1% 的规则去多做一件事。无论什么事，只要能在 14 分 30 秒内完成，我都会去做。结束之后，我就什么也不做了。接下来就是停工时间、平静时间、休息时间和睡眠时间。

我必须得意识到，我要对自己的元气恢复负责；没有其他人可以治愈我，抱怨也无济于事。这是一件由内而外的事。对我来说，睡眠是从精疲力竭、从职业倦怠、从喜怒无常中恢复过来的重要环节。

⏳ 思考时间

- 你生活中的哪些方面妨碍了自己的睡眠？
- 它与你的哪一项价值观相关？你能调整价值观，

让睡眠再次变得重要起来吗？

妈妈视角下的睡眠

对我们每个人来说，睡得更好的关键是首先要承认我们会被孩子吵醒，如果不是每天被吵醒，也总有被吵醒的时候，这一定会对我们的睡眠产生影响。我们需要考虑到这一点，增加自己的睡眠时间，这样我们就还可以达到所需的 7 ~ 9 个小时的睡眠。

作为妈妈，我们能做的关键事情之一就是遵循简单的睡眠指南和方法指导。有一位优秀的综合压力管理与整体健康领域的专家，名字叫保罗·切克（Paul Chek）。我强烈推荐他的网站切克学院（Chek Institute），他在那儿发表了对睡眠质量的看法，还讨论了如何在一天结束时通过一些非常简单的动作来调整睡眠质量。美国国家衰老研究所（National Institute on Ageing）的网站上也有很多信息，可以为你培养良好的睡眠习惯提供启发，从而把衰老作用降到最低。

我综合了这两个网站上的所有相关信息，全面为你讲解如何

帮助自己睡得更好——当然，这是从妈妈的视角来讲的：

● 关掉电源。请睡前几小时关掉手机和其他电子设备，如果你一定要用，请佩戴防蓝光眼镜——不要把这些设备带到床上。

● 有固定的睡觉时间。这对妈妈们来说很重要。我们能控制的就是睡觉时间的一致性，以及如何让自己的身体习惯在特定的时间睡觉。

● 限制咖啡因。要注意咖啡因的摄入及其对睡眠模式的影响。对我来说，午饭后喝咖啡真的会妨碍睡眠。它不是影响入睡，而是会导致我在凌晨 2 点、3 点或 4 点醒来。我敢肯定，咖啡使我的皮质醇无法降低到正常水平，无法促进凌晨的高质量深度睡眠。

● 避免在下午晚些时候或傍晚小睡。这样做会打乱你的睡眠规律。如果像我和我认识的许多妈妈一样，你也不得不陪着孩子躺下午睡，而且"偶尔"还会打盹，这可能就有点麻烦了。我非常喜欢午睡，然而，下午 3 点之后的任何一觉，对我晚上的睡眠质量来讲，都是不利的。

● 养成一项床前习惯。使用沙克提穴位按摩垫是我睡觉习惯的一部分。我会再结合一些呼吸技巧和此处列出的其他技巧，让身体系统进入平静状态。我一般会把按摩垫直接放在床垫上，然后躺上去。按摩结束后，把它扔到床的一边就好。

● 晚上使用弱光。保罗·切克非常重视这一点，因为它有助于维护促睡眠激素的自然昼夜节律。可以把客厅的灯调暗，给孩子们使用夜灯——甚至可以用盐灯及其环境光线。

● 保持卧室的温度舒适。我们常为孩子这样去做，但为我们自己呢？我喜欢开着窗睡觉，大爱微风和新鲜空气，这样有助于调节我的昼夜节律，以适应外界的温度。不过住在昆士兰州，夏天我有时会使用空调，因为不开空调就会热得睡不着。我会对能源消耗感到内疚，但空调确实对我的睡眠质量有益，也是我保持健康和调节身体的重要工具。

● 每天定时锻炼。我敢肯定，提出这个观点的人没有考虑处于生活繁忙期的妈妈，但我仍然认为任何锻炼都比不锻炼强。如果你能每天在特定的时间锻炼，会更有利于身体激素和节律平衡。

● 避免睡前饱餐。强调一下，如果这是你一天中唯一能吃饱的一顿，那当然要吃。不过，如果你能早点吃饭，比如晚上 6 点或 7 点，晚上 9 点左右上床睡觉的话，那么至少你还有一些消化时间。

● 避免饮酒。饮酒可能会让你更快地入睡，但受糖类影响，你会在夜间频频醒来。

通过研究，我认为妈妈们可以把这些建议融入日常生活中去。也许不用全部试——肯定不是一次性全试——但试着慢慢改变睡眠节律，让你的自我意识和内心重新回到平静，这可能是你健康拼图的最后一块。

⏳ 思考时间

- 以上哪项睡眠建议你已经在践行了？

- 你觉得可以把哪些建议融入你的日常生活中？

- 在目前的情况下，你觉得哪些建议很可笑？（我们在不同的人生阶段都会有这样的经历。我的意思是，如果我经营着一家网店，那么睡前几小时不看屏幕是不可能的。不过，睡前 30 分钟不看电子产品，是完全可以做到的。）

如何让妈妈睡得更好

通过阅读一篇又一篇的研究文献，我得出了一些显而易见的结论，即研究的重点是那些"工作"的人，那些"需要休息时间"的人，或者那些睡眠不足严重影响健康的人。关于睡眠及其对妈妈的影响的研究很少，我再次觉得，这是男权社会期望我们"适应它"的另一个标志，哪怕它可能真的有害我们的健康。

我想，如果不能给出一些具体的睡眠指导，那么为妈妈们写这本书也就没有意义了。让我们来看看在当妈妈的不同阶段，提升睡眠质量的可行性。

新生儿时期

这是一个棘手的阶段，我们面临着突如其来的转变，从优质的（好吧，至少直到妊娠晚期）产前睡眠，变为整晚每 1 ~ 3 个小时就醒来一次的状态，都是因为一个小孩依赖着我们！这是我们生命中生存至上的时刻，显而易见，我要推荐一些简单的技巧帮你度过这段时间，让你不会完全失去理智：

● 尽量不要在半夜看手机。我知道给孩子喂奶时，手机很吸引人。它就像一个救星，但它也会增加你脑中的"清醒激素"，会让你在喂完奶、安顿好孩子后，更难再次入睡。

● 午餐后尽量少喝咖啡。如果你在午餐前喝一杯咖啡，下午换成茶、花草茶或水，也能保证一天的状态的话，这真的会有利于你的睡眠。

● 活动身体。每天走一小段路，或进行少量的运动，也会提高你的睡眠质量。

● 必要时休息。如果你白天很累，而你的宝宝正在睡觉，那就忘记洗碗、洗衣服和你清单上的成千上万件事情，去睡觉吧。它可以完全改变你的状态，让你睡眠充足、愉快地度过一天。记住，如果我们真累了，一些小压力的威力完全不输大压力，所以把它扼杀在摇篮里吧。

● 晚上把屋里的灯调暗。开着电视，聊着天，但当你经常

醒来时，向大脑发送上床睡觉的信号可以显著改善你的激素水平。

● 宝宝睡觉你也睡。尽量保持半固定的作息时间对人脑大有裨益，我们全力支持大脑的决心，人尽皆知！

幼儿时期

在这一阶段，同时满足你和孩子的睡眠需求可能会变得有点棘手。孩子开始可以自己起床、有自己的思想、自己决定睡眠时间。我很幸运在睡觉上能和孩子同频共振，他们总是很容易入睡。然而，我们家老大像弗林德斯疲劳量表（FFS）一样，把我所有的睡眠因素测试了个遍：一个八岁的孩子怎么会如此频繁地醒来？在我们和孩子一起经历了新生儿、婴儿两个阶段的睡眠之后，幼儿时期是我们重新调整身体的重要阶段。

在幼儿时期，我发现孩子的睡眠习惯对我同样重要——就像在新生儿时期一样，恢复我们的睡眠模式至关重要。我们知道，大脑在怀孕之后会发生变化，这就是说我们不太可能恢复到生孩子前的睡眠习惯。哪怕孩子动静再小，我们也常会被吵醒，更何况在幼儿时期，他们可能会疯狂打滚、咳嗽个不停、大喊大叫、大声哭闹。

然而，我们可以控制的是自己在维持睡眠习惯方面所做的选择。这里有一些建议，希望能帮到你和孩子：

● 养成定时睡觉的习惯。鼓励孩子在你（而不是他们）觉得合适的时间睡觉。在这个阶段，培养孩子的成长习惯是关键。

● 尽量减少幼儿看电子屏幕的时间。你也要少玩电子产品。如果你打算晚上 7 点睡觉，尽量在下午 5 点之后不看电子屏幕，或者尽量少看。这将使你的大脑（还有孩子的大脑）在入睡前进入平静模式。研究告诉我们，电子屏幕会活跃小孩子的大脑，所以在晚饭后至睡觉前使用的话，尤其是平板电脑，会让人更难入睡。

● 言传身教，以身作则。自己养成规律的睡眠时间，并以此去影响孩子。他们会以你为榜样，因为你是孩子世界里最重要的人。

● 找到适合自己的放松习惯。它是一件 30 分钟或者 5 分钟就能搞定的事吗？你是已经累到不需要太多支持了吗？还是这一天你太辛苦了，真的只想安静一下？看 30 分钟你最喜欢的电视节目，然后远离电子屏幕，做一下呼吸练习，再上床睡觉，对你有帮助吗？还是尽早上床睡觉对你有帮助？这里没有对错之分，只要你能意识到并自己找出答案就行。

● 如果睡觉时间突然改变，不要苛责自己。孩子一睡你就睡，因为没有充分利用这一天而感到愧疚，这是不值得的。有时候我们就是需要给自己充充电。有时候我仍然晚上 8 点就睡觉，效果很神奇！

少儿时期

在孩子上学后，我们就活动自由了，这会给我们每天结束时

的能量状况带来巨大变化。一旦孩子长大了，睡眠问题更多的是兼顾我们自己的事情，还要处理好做妈妈的责任及自我实现的需要。我们做妈妈的在生活中要努力兼顾的事情太多了。孩子上小学的时候，正是开始培养我们完美睡眠习惯的好光景——当然，完美的习惯并不会每天都能完美地落实。

正如我之前提到的，我们可以有很多方法来保证睡眠。在少儿时期，你的睡眠更有规律，那些影响睡眠的关键因素肯定也更容易整合。要点重述如下：

- 关掉并尽量少用亮光源。
- 午餐后不要摄入咖啡因。
- 把脑子里乱七八糟的事都记下来。
- 不要吃完就直接上床睡觉。
- 定期锻炼。

当我们睡得好的时候，我们肯定与自己、与社群、与身边的人连接得也更紧密。我希望，每个妈妈都能尊重自己的身体需要，不过分操劳，给自己坐下来、冷静下来的空间，从而实现自己的转变。

正如我在本书开篇所说的，在生活中，我们会有忙碌的阶段，也会有清静的阶段。看看是什么影响了我们的睡眠，在不太忙的时候养成习惯，这通常是最好的改变方法。然而，如果你看到这里笑了，那可能是"不太忙"不会很快出现在你的生活中。相信我，我明白。

选择一件事去养成习惯吧——就一件事——可以改变你的睡眠的一件事！

⏳ 思考时间

● 你处于哪个阶段？今晚你就能改进的一件事是什么？

● 如果你不过分操劳，会发生什么？如果你选择尊重自己对睡眠和健康的需求，让待办清单滚到一边，又会怎么样？

● 那将如何改变你的生活？

● 你的意识上会有什么转变？

● 压力更大了？还是压力更小了？

● 现在，请反思一下吧。

3

生活:
复位全新活力
的自我

.

我们出发吧，妈妈们!

你已经读过这么多了，我真为你骄傲! 你对健康和如何自助已有所理解，也完成了对健康妈妈的五大支柱的学习，现在是时候让梦想照进现实了。让我们以一种不会给你增加压力的方式，把快乐的、充满活力的你带回到生活中来吧。

作为一个职场妈妈，我知道你在生活中有很多事情要做。我并不是要变着法儿地给你添麻烦，所以让我们来看看如何用简单的方法把美好重新拉回你的生活。

在第三部分，我想传达给你们的信息是，生命就是为了生活、改变和表达自己。怎样才能做出内在转变和外部改变，一旦做到就将产生改变人生的效果。它会让你真正成为一个自己想要成为的女人、一位自己想要成为的妈妈、一个自己想要成为的职场妈妈。

这一切都始于六级转变金字塔，这是一个框架，我们将利用它来转变自我意识，并做出持久的改变。

我们将通过转变金字塔的视角来审视健康妈妈的 5 大支柱。

这需要你再花些心思，但我相信，通过这段旅程，你将能根据自己的特质和实际彻底变化出新技能、新行动和新环境，减少个人压力，重新想象、重新创造你作为妈妈可以而且应该拥有的生活。

那将是一种充满活力、积极向上的生活，活在其中的是你光芒四射的自我：一个妈妈，一个摆脱了一些压力和疲劳的妈妈，一个重新找回她美丽、聪慧、健康的"自我"的妈妈！

第十一章　六级转变金字塔模型

如何才能实现你想要的生活？如何运用我在第一部分、第二部分与你们分享的知识？如何将那些知识天衣无缝地融入我们称之为生活的神奇存在中呢？

答案来自一个奇妙的框架，我称之为"六级转变金字塔模型"。它包含了健康妈妈的五大支柱相关内容，使你更容易实现自己想要的转变。

多亏了我的两位顾问，唐·麦克唐纳博士和布兰迪·麦克唐纳博士，我才看到这个金字塔模型。我们到处寻找这个金字塔模型的创始人，但至今仍然是个谜。如果你正好知道谁最先抛出了这个思想炸弹，请把参考资料发我一下！我很想知道它的起源。

环境

行为

技能

信念

身份

本源

通过本章，你将学习到：

- 转变金字塔的层次
- 各个层次将如何融入你的世界

通过改变和选择，为妈妈的生活带来快乐和活力，这就是本章的目的。让我们一起探索金字塔的各个层次，然后把它融入你的世界吧。

本源与身份

我喜欢把金字塔底层的"本源"与其上一层的"身份"结合起来看。任何金字塔的底端都是最大的一层，其他各层都堆叠在此之上，所以我们要确保这一层非常坚实。这样划分的依据是对以下内容的领悟：

- 本源
- 感觉
- 自我
- 知道我们是谁
- 什么对我们重要
- 什么价值观对我们重要

对我来说，有一种与外界精彩纷呈的"万物之源"相连的感觉非常重要。

量子物理学告诉我，这种联系既是内在的，也是外在的。如果你看过乔·迪斯派尼兹的作品，就会发现，他讨论了我们与他人的连接在我们与更大的自我及目标的连接中所起的作用。看到这个地方的时候，我产生了一种服务世界的强烈意识，我要服务的不仅仅是更大的世界，还有妈妈的世界、我的家庭、诊所会员：这是一种深入联系的能力，有助于塑造我的身份。

认识到我与自己的身份联系在一起，即我是阿里：一个治疗师、一名脊椎矫正师、一位妈妈，也是一个妻子。而这给了我力量去尊重自己内心深处的低语，去尊重那种一次帮助一个妈妈并最终改变世界的愿望。这就是本源的作用。

信念

转变金字塔的第三层是信念。信念是你从自己的本源和身份中获得的。我们经常是最先注意到自己的信念，而不会最先发现自己的本源——我们的真实本性——在构建信念结构方面所起的作用。我们倾向于探究"我相信什么？我的价值观是什么？"，而不是刨根问底回到我们是谁的本源问题及其如何塑造我们作为人的身份。

我的信念有：人人都有一种内在的治愈能力，只不过我们经

常认识不到；人体是一个绝妙的实体，它有着我们所不知道的更深层次的功能；健康真的很重要；我们具有在身体上和情感上连接他人的能力。我们知道，无论远近，我们与家人的连接对于感受生活的乐趣非常重要。

我相信，在一个理想的世界里，我们可以达到一种共同支持彼此的局面。作为妈妈，我们可以伸手求援而不用怕被评判——我们可以带着这样一个坚定的认识去求助：我们身强体健，我们胜任力强，我们有复原力，而我们也能够去寻求帮助。尤其是在我们感觉不到以上这些的时候（这种情况肯定会发生），信念就显得格外重要。

技能

在转变金字塔信念层的上面是技能层。技能给了我们一个奇妙的工具箱，里面装满了改变世界的东西。如果我是在两三年前写了本书，那么我可能会从这个技能层开始，错过本源、身份和信仰等基础元素。但那将会大错特错，因为我们从本源开始，确定了自己的身份，然后才能形成自己的信仰。只有在那之后，我们才会发挥技能的作用，真正促进改变和选择的发生。我们依个人实际养成一套技能，给予自己支持，让我们能够在需要的时候做出改变。

技能真的很重要，它能让我们的世界变成我们想要的样子，有能力应对变化和转变，并以一种不会拖累我们也不会带来沉重负担的方式，让我们融入世界。

技能因人而异。在接下来的章节中，我将分享我自己的一些技能。我的技能包括：通过书面或口头语言与他人交流；治愈他人；基于科学的神经学知识、用通俗易懂的话语将相关知识进行宣传的能力；提取大脑信息并将其转化成人们容易理解、不会困惑的语言的能力。温暖的抱抱、美味的咖啡，以及与孩子们的连接，也是我的撒手锏。我热爱我的这些技能。

这些技能支撑着我的信念，因为我认为，给妈妈们提供的知识越多，通过沟通交流形成的团体越多，我们彼此连接、重获社群认同的能力就会越强，这些是我们在育儿中的技能，与我们的妈妈身份是不同的——弄清楚这一点很重要。

学习如何利用我们的技能——如何利用它们解释我们的本源，为自己选择变革性的行为——是我们释放压力并永远摆脱它的重要途径。育儿技能（任务和日常行动）并不能定义我们的妈妈身份，也不能定义母性。一旦有了孩子，我们就成了妈妈，并将表达出自己的母性。这一过程的发生不取决于任何可感知的技能层面——技能层面纯粹指育儿的行动。

行为

正如上面提到的，如果掌握了技能和知识，那么我们就可

以再上升一个层次，真正开始改变自己的生活。我们已经重视或者终于开始理解了自己的本源，坚定了自己的信念，现在又知道了自己的技能，于是我们就可以将这些融入日常的行为中。这种行为的转变将使我们更深入地感知身份和本源，即与我们内心的"为什么"产生连接。

对我来说，行为转变就是早起早睡。举个例子，我知道我的大脑在早上工作状态最好，所以我就在早上写书。写书提升了我的写作技能，写作技能反过来又促进了本书按时出版，然后本书的出版又促进了我支持妈妈们的助人者身份。这又将我连接回本源，因为我在清早时最能感觉到那种连接。

这是一个行为转变的例子，为的是保证一项技能与信念和身份相匹配，以到达本源，但是，如果不追溯到之前的四个层次，我就不知道为什么这种行为如此重要。作为妈妈，当我们没有时间的时候，会感到压力大、不堪重负，于是经常会陷入行为的改变中。但这种层面的改变并不持久。我们无法做出持久的改变是因为无法理解现象背后的本质原因，而这正是转变金字塔真正发挥作用的地方。

行为转变的另一个例子是健康。健康是一个重要的信念，是我身份的一部分。保持健康对我来说很重要。处于最健康的状态时，我就能更好地连接到本源。我可以内求自我，可以冥想，能感觉到自己所需的那种平静、保持连接的中心状态——哪怕在失去理智的时候，哪怕在忙碌不堪的时候，我也能感觉到。

据我所知，健康饮食、运动优先是能对我起到促进作用的行为。这种行为转变，恰好能够与前四个层次相呼应。我会早早起床，骑一会儿健身车，活动活动身体，再吃上一顿丰盛的早餐。这些行为模式能让我度过健康美好的一天。

环境

讲完行为部分，就来到了金字塔的顶端，也就是环境层。有时我们会从环境开始自己的转变之旅，把金字塔模型颠倒过来。我们想要做出改变，改变我们的生活，往往会从环境和行为开始，之后又认为我们可能要探索本源（如果能意识到的话），而这种深入本源的工作才是让我们所有人产生内在转变的核心部分。

环境层是行为转变发生的地方。我们需要身边的人来支持自己。我引入了生命中"重要五人"的概念——或者与我们相处时间最多的五个人——他们将会改变我们。他们对我们的行为影响最大。我们需要问的问题有：我的环境是否支持我做出健康的选择？我的环境是否适合散步？我的环境是否允许我不必生活在家庭造成的焦虑或压力中？所有这些元素——甚至还有更多——构成了我们的环境。

现在，你知道了吧！六级转变金字塔的本质。

这个金字塔模型完全包含了我们在重新找回生活状态中的转

变。通过对健康妈妈的五大支柱的探索，我们学到了很多，现在
我们将继续学习如何丢弃对自己无益的东西，也可能再添加一些
对自己有益的东西，全力体会健康舒心的妈妈生活。

第十二章　与你的"乡村"共同繁荣

对于什么都想做好的职场妈妈来讲，与一群志同道合的优秀女性为伴，最为有益。

我们的"乡村"不仅可以成为我们最大的啦啦队和支持者，还可以是一群帮助我们澄清和实现价值观的人。《6个星期重置妈妈状态》课程的开始，让我注意到，妈妈的集体愿景对实现转变的重大影响。

我想先揭示"乡村"的一个迷思，即有人认为它们必须很大。我们的"乡村"，我们的社区，我们服务的人，为我们服务的人，我们身边的人，可以是很大一群人，也可以是很小的一群。女性群体存在的形式，没有孰优孰劣。

在本章结束时，你将学习到：

- 为什么你的"乡村"很重要。
- 如何利用你的"乡村"来摆脱倦怠。
- 如何用你的"乡村"来支持你的大脑。

● 如何将"乡村"融入你的生活并再次繁荣起来。

让我给你们举个例子，经常有人告诉我们（甚至是下意识的那种），我们的"乡村"不重要，或者说它无聊得很。我们知道，我们认识的许多男人工作都很努力。我生活的城镇里，有大量的蓝领工人每天从事12～14小时的体力劳动，通过与许多妈妈交谈，我了解到，这些男人需要出路，而且他们不需要认真考虑这种工作是否适应家庭结构。

我认为"男人时间"必不可少。这是他们生活的一部分，他们在工作环境之外，需要以一种男性能量的方式相互连接，可能是出去钓鱼、看球、喝啤酒、跑马拉松或者去看电影等。其形式没有对错之分，但男人确实需要他们的"男人时间"。

然而，作为女性，我们需要的是一种理解，即我们也渴望在美好的女性能量空间中享受"乡村"时光。女性的"乡村"时间不应包括她们在交流近况的同时，还要陪孩子玩或者照顾孩子（因为有时这使"乡村"时间很难被有效利用）；也不应该把上班期间10分钟的咖啡时间偷偷变成"乡村"时间（当然，这段时间可能会很精彩，但10分钟你们能交流多少东西？）；还不应该在你唯一的休息日去做这些，在这一天你只需要打个盹、休息一下或处理一下待办事项。我们需要的是这样一个社会，它对需要这种连接时间的女性鲜有评判；它明白我们只是期望自己与他人的连接得到尊重，我们并不是自私的妈妈。

前段时间，我在理发时，偷听到周围的一些谈话。我和不少女性之间的精彩讨论，都是这样来的。这些了不起的女性当时正在讨论怎样才能得到允许出去玩一晚。她们不仅要组织好外出时的家庭保障工作，更得有一个正当的出门理由。我们且称其为不公平吧。

离开孩子的时候，我们也会感到一定程度的焦虑。这可能被称为妈妈内疚感——如果你是最好的妈妈，那么你百分之百的时间都想和孩子在一起，家人不在身边，你就开心不起来或者什么也做不了。你会担心事情会出错，担心你的伴侣照顾不好孩子。

这些情绪并没有对错之分；事实上，这是非常正常的，全世界的妈妈都这样。在为母之旅中，培养松弛感的很大一部分工作是要认识到我们会有焦虑，它们是正常的。

在这个时候，自我接纳就是一种转变。

第一次离开自己的孩子，谁会不担心呢？即使是第十次、第二十次离开，就能不担心了吗？离开孩子可能会很艰难，也可能会让我们深感内疚。

不过，你知道最棒的是什么吗？最棒的就是你知道自己是谁、你的价值体系是什么的时候，你会有你的"乡村"，在你感受到那些消极感觉的时候，你可以和她们就这些话题认真讨论。你的"乡村"是在为母之旅中培养松弛感和"自我"认知的一部分。有他们在身边真的很不错。

让我们一起来探索如何在"乡村"里得到成长，看看这对你

可能意味着什么。忙碌的职场妈妈也好、全职妈妈也好，无论现状如何，让我们一起实现这种转变。

⏳ 思考时间

● 你最后一次和你的"乡村"里的人一起出去玩是什么时候？

● 和你的朋友们出去玩有什么好处？

倦怠与"乡村"

作为忙碌的职场妈妈，我们知道，当生活变得艰难时，我们放弃的第一件事就是和我们"乡村"里的人一起出去。你有没有过这样的时候，压力大到一想到要与人讨论这个话题，就会让你流泪或疲惫不堪？我有！

我记得在韩国过外派生活那会儿，我制作并运营着一个面向脊椎矫正师的在线课程，提高他们与孩子打交道时的沟通技巧和评估技巧；同时还要抚养两个孩子，并支持我丈夫每周有 6 天外出工作。最重要的是，我们当时还处理着远在澳大利亚的家庭事务，这可真是压得人喘不过气。有些时候，我觉得自己做不了这么多事，也看不到走出泥潭的出路。

我知道我把自己弄得一团糟，是因为即使有过做全职妈妈的机会，我还是承担了那份在线工作。那时候，我还不太了解我的自我价值或价值体系，无法意识到那份工作是决定我是谁和我的身份的一个重要因素。所以，我盲目地去做所有的事情，慢慢地从内到外摧毁着自己。

现在有两件事需要解释一下。

一是我对自我价值的这种看法巧妙解释了我的感受，这种挫败和疲惫是我自己造成的，所以我不能抱怨。不认可自己每天所做的事情对自己很重要，使我产生了挫败感和疲惫感。如果女性去做自己真正喜欢的事情，而且还能得到一众支持，这会意味着什么呢？

如果我们知道自己有一定的支持，允许我们去努力尝试并实现目标，那么疲惫就会消失。如果我们的女性"乡村"都在身边支持我们，在那些让人抓狂的时间里我们有人依靠，那将改变我们的生活。

这就引出了第二件事：我不想打电话给任何人寻求帮助，不想找闺蜜们帮忙，因为我已经给自己精心设计了一个非常强大的人设——一个可以搞定一切并设法拥有一切的女强人。

我没有勇气去承认自己的不完美，我也没有办法提起这件事。

现在好了，我的"乡村"认识到了这一点，她们介入并拯救了我。我们在户外组织了一次女生之夜，又带着孩子举办了几次游戏约会，我让儿子每周多参加三个小时的游戏小组，这样我就

有了一些喘息的空间。我又向丈夫求助，为了支持我，晚上他会给我一些不用照看孩子的时间，让我做一些别的事情。

我发现最大的障碍是，我不想给任何人添麻烦。我知道每个人都很忙，他们都有自己的事情要做。然而，我却忘记了自己在支持其他女性时获得的乐趣；忘记了其他妈妈有事要我帮忙时，支持她们让我感到内心多么快乐！我担心自己的倦怠可能会导致其他人的倦怠。我忘记了我们是如此紧密相连的，忘记了照顾自己最好的方法之一就是支持他人，并寻求同样的支持。当我这样去做的时候，那一刻，我的内心得到了治愈，激情也再次被点燃。

如果没有"乡村"的支持，作为职场妈妈，我们崩溃的速度可能会快得吓人。这个社群能理解我们，允许我们展翅高飞、自由翱翔。这承认了我们的身份和本源层面的自我，支持我们尊重自己的信念（哪怕它们不太符合她们的信念），协助提供我们需要的环境，让我们在工作中，尤其是在内心和自我意识中，成为最好的"自我"。

⏳ 思考时间

- 你在什么时候感觉得到了"乡村"的完全支持？
- 那是什么情况？你有什么感觉？
- 你在哪些方面支持过"乡村"里的其他成员？

你感觉如何？支持别人的感觉有多好？

社群促进大脑健康

我们的大脑天生就与他人连接。我在前文中讲过，此处仅作快速回顾。正如马修·利伯曼（Matthew Lieberman）在他的《社交天性》（Social）一书中概述的那样，我们深受社会环境的影响，不和谐的社会互动对我们来说可能像身体疼痛一样痛苦。我们被身边的人影响着，而环境中的刺激因素对脑功能的良好运转起推动作用。换句话说，人类是社会性动物。我们的大脑天生喜欢与他人连接，如果我们在互动中遇到麻烦，对大脑来说，就像我们的身体受伤一样疼痛。也就是说，与他人为伴对我们有益！

利伯曼在他的书中讨论了我们如何不断审视与周围人的社交互动，驱动我们的行为，从而更好地融入其中。从本质上讲，我们试着去解读彼此的心思，这样我们就能预测别人的感受或想法，适当地改变我们的反应。参加聚会时，我会扫视周围的人，试着感知谁跟我合得来。这是潜意识的感觉，但我确信，我就是这样被本书第一部分谈到的那些女性所吸引的。

我的意思是，如果这都不算建立社群的有力标志，那么我就不知道什么算了。生活中的社会因素会形成繁荣的社群。作为妈妈，我们可以注意一下穴居女性也是职业妈妈这一观念。美国"妈妈"（Moms）网站的一篇文章认为，近50%的职场女性孩子不满18岁，这与50多年前相比是一个巨大的变化，统计数据

显示，50 多年前只有 34% 的有孩子的妈妈在工作。还有很多讨论认为，由于时间和注意力的竞争，女性无法从事男性所从事的工作。最近，考古学家的发现显示，一直以来，妈妈们都在为供养家庭而劳作。事实上，在穴居时代，技艺高超的大型动物狩猎者中有 30%～50% 是女性，这表明即使在狩猎采集时代，任务的分工也要比现在公平得多。

随着我们进入孕期并成为妈妈，大脑发生变化，我们也可以承认自己的连接感发生了变化。然而，社会因素对人类生存至关重要，它可以构成我们的本源或身份的一部分，尽管从历史上来说，事实并非如此。

多年来，每当我整理价值观列表时，总是被其中的乐趣所吸引。然而，我想成为一个卓越的人，而这可不是一条正确的道路。对我来说，没有享受快乐和乐趣的时间。随着年龄的增长，我发现自己的大脑对社交线索的反应最为灵敏，而且我规避压力和疲劳方面的能力会定期充实我的社交大脑。也许这就是我在日常生活中需要与他人互动的原因吧，不管是作为一名脊椎矫正师在诊所里，还是与其他妈妈一起待在游乐场里，还是晚饭时、午饭时，或者相约跑步时，我都乐意多互动。

无论哪种形式，繁荣都依赖于我与"乡村"的连接。

繁荣对我们每个人来说都有不同的意义。

繁荣被定义为"兴旺和成长；蓬勃发展"。

作为职场妈妈，当我们处于心流状态，身体健康、精力充沛时，我们会不由自主地与周围的人一起蓬勃发展。作为职场妈妈，当我们无法茁壮成长、蓬勃发展时，就会变得状态停滞、没有活力。其中很大一部分原因在于与"乡村"的连接及与他人的社会互动，认识到这一点，对大脑的高效运转非常重要。

⌛ 思考时间

- 你哪些时候充满健康和活力？那是什么感觉？
- 有什么外在表现？
- 当你精力充沛的时候，你的大脑是什么感觉？

将"乡村"融入日常生活

现在，我们知道社群对健康有多重要，知道社群对取得成功有多重要，也知道如果我们坚定自己的价值观，就能实现自己想要的一切。这些我们都知道。

付诸实践可能是下一件棘手的事情，但我知道你能做到。在自爱、自我价值、家庭、社交时间和工作生活之间取得平衡是很耗精力的。但是保持平衡的能力，根据所处的生命阶段而变化的能力，必不可少。在我的在线课堂上，我与 100 多位妈妈打过交道，并且发现完成一次简单的时间研究，可以帮助我们减少第

一次考虑做出改变时的压力。

社群被定义为"生活在同一地方或具有特定共同特征、态度和兴趣的一群人"。我们的社区对我们在生活中取得成功至关重要。而在不产生额外压力的情况下，把它融入日常生活正是困难所在。

融入社群可能有以下表现：

- 与一位好姐妹每周共享午餐／晚餐／早餐／咖啡时光。
- 有一棵"求助电话树"，以备寻求支持；或者有一个网络社交群聊，平时你们都会发送一些愚蠢的表情包，而有需要的时候，也可以发送一些严肃的内容。
- 与你的伴侣有定期的约会之夜。
- 有一个专业的导师团队或教练，他们可以支持你的理想，同时又了解你的为母之旅。
- "乡村"融入你所期望的健康理想（跑步俱乐部、烹饪俱乐部、瑜伽课堂、冥想工作坊）。
- 有游戏小组和游戏约会，孩子们交由其他人照顾，而你可以去社交。

社群融入的方式不计其数，找到一两种对你来说行之有效的，是重新建立连接的好方法。在忙碌的生活中，想方设法与身边的妈妈们建立连接、保持自我价值，这很关键。凡是能与我的理想、本源和身份相连接的事情，我都会抽出时间去做；如果有人不断要求我做一些有违理想、本源和身份的事情，即使没有意识到这些，我也无法乐在其中，那么这样的事就成了一件苦差事。

把身体作为检验"乡村"适配程度的晴雨表。你的身体有一种神奇的能力，它知道什么最适合你。利用身体，哪怕是感知"乡村"和社会互动的选择——看似关乎健康和幸福的外部因素——我们也可以在连接状态上获得巨大的改善。寻求帮助和支持并不会让你变得软弱，当你得到周围的支持时，你就可以真正过上一种完整的"乡村"式的生活。

我们生活在一个个互联互通的同心圆中。在最内层里的5个人，包括我们的伴侣，可能会流动并转移到第二层；第二层有10～20人，然后再往外是最多容纳150人的熟人圈，这也是我们能维持的社交关系的上限约是150人。对我来说，常在研讨会上见面的同事——我非常喜欢和他们在一起，因为我们有相似的价值观和理想——是我的外层；闺蜜——和我一起成长的人——是我的第二层；最核心最亲密的是我丈夫和几个最好的朋友。

随着我在生活中所处阶段的变化，我的两个内圈之间会有一些流动，但与他们打成一片并知道从哪里寻求支持，使我能够在不同的阶段融入这个"乡村"。我没有融入"乡村"的那个阶段，正是我没有重视自己、不明白寻找"乡村"的重要性的时候。

成功融入社群需要了解自己的价值观和自我价值，知道自己应该和谁连接。我知道你能行，妈妈们，你能找到自己的"乡

村"。这个过程可能需要多加实践。

● 你的 3 个圈层里都有哪些人？如果现在你可以向他人求助，你会选谁？

● 在生活中，你愿意参加哪些融入社群的活动？

第十三章　家庭乐趣与全新的你

站在你自己的光芒下，照亮别人。

向充满活力、健康快乐的母职体验和生活方式转变，是一个曲折的过程。这个过程中，挑战在所难免，但我们最后通常能成为灯塔，指引家人驶向改变与欢乐。那么，让我们准备好迎接光辉时刻吧。让我们来看看在不引起太多混乱的情况下，如何让新手妈妈平衡地融入原有家庭单元。

看完这一章，你应该了解：

- 应对家庭阻力的手段
- 站在自己光芒下的感觉
- 承认自己情绪的方法
- 环境融入与全新的你
- 实现家庭理想和闪亮的新"自我"的途径

任何大的变化都可能会引起轩然大波。它可能会打破你多年

来的模式，造成很多混乱。这我可是亲眼见过的，事实上，我自己也亲身经历。我记得，在我决定要以某种方式对待健康时，那就意味着要改变家里的所有事情。这本书中所写的内容，没有什么是我没有事先替你们试探过的。下面是我的故事，还有我一路走来学到的一些技巧。

当时我正从倦怠中开始恢复起来，于是便决定养成一种日常模式来恢复我的神经系统：促进系统平稳运行，使我能够支持自己进而恢复健康。我所做的选择包括写日记、调暗灯光、大量休息、轻度运动、易引起兴奋的食物（如咖啡因、糖、酒等）摄入量最小化。

这是一个大转变。

我有意识地远离剧烈运动，身体告诉我这段时间不宜进行剧烈运动，因为每次锻炼我都要花好几天时间才能恢复。我还有意识地远离那些让我觉得自己无所不能的兴奋剂类物质。然而，孩子们对我的期望是，他们步行上坡遛狗时，我能跑在前面；他们滑滑板时，我能跑在他们旁边。我从丈夫那里感受到的期望（其实不是真的）是，我锻炼得不够。我不确定什么是"够"，但我的内心一直告诉自己，必须锻炼才能像样儿。我明白，让身材恢复到孕前，并不代表我有多健康，事实上，这种认识就是一个巨大的转变。

随着时间的推移，房子里变得越来越安静，家里的灯光也变暗了，这一切使过度刺激得以减少，睡眠得以改善，皮质醇水平更加合理，而家里的其他人也加入改变的行列中来了。不过，这种转变还是费了一些时间的。有那么一段时间，我们必须全家上下、齐心协力，一起来实现这种转变。

坚持自己的选择像是一次旅行。我们会产生各种感觉，遇到各种各样的问题，外部的也好，内部的也罢，我们都必须驾驭这些并全部通关。我做到了。我知道你也可以。下面我们就一起深入探讨这个话题。

应对家庭阻力的手段

既然你开始选择一条不同的前进道路——拥抱健康妈妈的五大支柱，用你对转变金字塔模型中本源的理解，以及对你是谁这个问题的理解来做出转变——你可能会经历一些阻力。在原有家庭和环境中融入一个全新的你，有时候可能会有点棘手，那么让我们一起解决这个问题吧。

在你融入时，如何才能克服来自家庭其他成员的阻力呢？你会有不一样的感觉，每天的表现也会不一样。在此，我们会讨论如何接纳自己、将面临怎样的情景及如何选择自己的为母之路等内容。

家庭阻力出现的原因可能有：

- 家里的食物突然不一样了

219

- 你想多出去活动活动，而不是看电视
- 你想更早地上床睡觉
- 你晚上不会喝那么多酒了（过去你可能常常和你的伴侣喝两杯）

在刚开始做出不同选择的时候，我有时会对自己发脾气，那么如果我突然把孩子和丈夫的饮食改得更健康了，他们为什么不会生气呢？应对我们的新选择可能会引发的畏难情绪和激烈反应，是改变过程中的重头戏。

在研究知名学者在做出改变方面的观点时，我看到了布琳·布朗在 2015 年发布的一篇博客，题为"承认我们的故事，改写故事结局"（Own our story. Change the story）。在本文中，她讨论称，为我们的生命书写一个勇敢的新结局意味着 3 件事。对我来说，这可以是对"自我"与健康的选择、活力与"我们是谁"的选择，以及对伤害和羞耻的讨论。下面我将分享布琳的最重要的三条建议，然后我们将从妈妈身份和家庭两个重要角度对这些建议进行拓展。

（1）在家庭中受伤时情感会转化为愤怒、痛苦和孤独，所以我们必须谈论这些——哪怕我们感到很累，哪怕我们并不想谈。我们不能简单地忽略它们。

（2）如果我们书写新的故事，（用布琳的话说）"把那种情绪诚实和情绪健康的遗产传承给我们的孩子"，我们必须接受并敢于说出成瘾和心理健康问题等家族史。

（3）为了学习和成长，我们必须承认自己的失败和错误。这很难，会让人感到不舒服，但这是一个勇敢的举动，也将释放人的创造力和创新力。

第一条建议是如何运用在家庭中、如何出现在妈妈身份上的呢？如果你的选择对你的配偶或孩子产生了负面影响，他们都可能会感到痛苦或愤怒。你正在做的事对他们有影响吗？也许饮食上的一个变化，正让他们的身体为那些不允许再吃的食物而大声疾呼；也许屏幕时间的减少正在激怒他们；也许你走进你的光，做出更有益健康的选择，正让他们为自己的选择感到羞耻。

这难道意味着妈妈不应该做出这些选择和改变吗？

即使其他人认为原来的方式才是最好的，妈妈也应该做对家庭最为有益的事。坦率地说，在我改变自己做事的方式时，也生了很多气。我浑身疼，十分渴望糖和咖啡因，最终是意志力和价值观帮我渡过了难关。遇到这种风浪是很正常的。

在我们家里，大量的感受和讨论意见会得到认可，为什么？也有些时候，我会给孩子们一个冰激凌来平息他们的愤怒。我不是完美的妈妈。不过，随着时间的推移，慢慢转向健康饮食和平静的做法真的有了回报。有时候撕掉创可贴，让问题暴露出来并直面它，也是不错的选择。也许对我们妈妈来说就是这样。不过，如果我们选择让转变成为家庭的一部分，那么这是我们的选择，而不是家里其他人的，在这个过程中多一些温柔也会事半功倍。

这与布琳列出的第二条建议完全吻合。我们知道，当我们做出重大改变时，情绪诚实可以成为家庭转变的催化剂。这本书讲的不是改变心理学，而是做出改变和转变。在一个家庭里，可能有一段尝试改变却没有坚持下去的历史，也可能有一段只有一种健康方式的历史，而这与你正在做出的这些更有活力的选择相反。承认、讨论、坐下来谈谈如果大家一起做出转变会是什么样子，这需要做足情绪安抚工作。要搞定这一点，你可能需要支持，也可能不用。给自己和家人一些空间，去探索那将会是怎样的情景、他们将会在你的旅程中如何表现、如何为你加油，这也是解决抵触情绪的一种好方法。

当你开始重新把自己放在第一位，认识到你的自我价值时，内心要有一定的战斗精神，让自己有力量进行这些对话。

这三条建议中最重要的是第三条：在你做得不如意的时候，通过承认失败来应对家庭阻力。寻求支持，让他们知道困难在哪里。我们不能忽视家庭中产生的那些受伤的感觉。对这个过程做好解释工作，就其中最美好和最困难的环节进行坦诚的对话很重要。这也为孩子和伴侣打开了对话，让他们在应对挑战时，敢于承认从中学习和成长之类的难事。

坦诚地、有意识地就即将做出的改变进行对话，是应对家庭阻力的第一步。也许你的家人会在旁边为你加油，也许在了解了改变的背景和你想实现的目标后，他们会从头到尾支持你！

在我的旅程中，我发现重新引入"自我"时间是最艰难的一环。要讨论的内容有：为什么这对你很重要、你选择怎样去尝试并让其对家人有益，以及你的时间如何安排。这就是坦诚在家庭对话中作用非常重要的原因。坦诚并不总是能换来接受，但是给你自己一个机会发挥大脑的聪明才智，说服家人，做出改变，一定会有显著效果。

我很乐意成为大家的啦啦队长，帮助你落实健康妈妈的五大支柱，我希望看到你展翅高飞。你可能和我一样，早早就开始努力。你也可能需要一个好搭档，在你很想回归原来的生活方式时，帮你做出正确的选择。然而，最好是学会当自己的啦啦队长!

就你想要做出的改变进行对话，可能会让人非常发怵。如果你觉得可能会被拒绝，那么反思"为什么"你要这么做就非常重要了。对话中难免会有这些改变相关的问题，不过，有了信念的力量和对信念的理解，应对起来就会容易得多。

⌛ 思考时间

- 请写下你要在你的家庭中做出的改变。

- 为什么它们对你重要?

- 它们是怎样契合你的价值观体系的?

- 你怎么看待它们与你的家庭原有生活方式相适应的问题?

站在自己的光芒下

在这个新世界中发展自我意识，最困难的环节之一就是了解这些感觉：我将如何成为这样的人？这个全新的健康妈妈是什么样子？这是我能企及的身份吗？

是的，我们可以对其在现实世界中的情形有一个逻辑上的理解。但是了解自己有什么可期待的那种感觉——还有如何真正知道我们何时处于妈妈身份中，以及如何将其融入家庭中——这是最难的事情之一。

现在，我们再来梳理一下。撇开家庭，重新发现"自我"，然后努力去弄清楚在家庭环境中时，那种自我感觉会蜕变成什么，这是我们与所爱的人在一起时还能拥有自我的重要一环。一定会有这样一些时刻，我们觉得与自己或家人脱节了，觉得没有成为最好的自己，还觉得自己真是个古怪的人。不要气馁。

这一切都很正常——这是人类生活状态的一部分。我们会经历潮起潮落，会有悠闲的状态，也有忙碌的状态。具有根据需要识别感受、转换状态并采取行动的能力，是"自我"平衡最有说服力的标志之一。这并不是说我们从来没有经历过那些情绪，而是说我们可以识别它们、承认它们，让它们引导我们去关注自己需要关注的地方。

我们之所以有这种感觉，是因为我们的行为与自己的价值观不一致了吗？

我们之所以有这种感觉，是因为我们很累、没有很好地调养身体吗？

我们之所以有这种感觉，是因为我们太钻牛角尖、没有什么能动摇我们吗？

我们之所以有这种感觉，是因为我们受到太多的男权压力吗？

我们之所以有这种感觉，是因为我们确实如此吗？没有什么特别的原因——本来就是这样吗？

不管我们产生这种感觉的原因是什么，存在便有其合理性。

我发现把自己的感受写到日记里，对我很有帮助。我也会和丈夫或最好的朋友敞开心扉，告诉他们我为什么会产生这种感觉。还有时候，我只需要睡上一觉就好。

承认情绪

我不是心理健康方面的专家（整个心理学界都可以为你提供支持自己的方法，所以如果接下来的内容让你觉得难以承受，我强烈建议你寻求专业咨询）。

下面我要分享的是一些从知名网站上核对过的信息，我用这些网站创建了一个报表，用来了解我们的感受——接受它们。我从妈妈的角度来组织了相关内容，这样我们就可以开始从自我的角度来看待问题。

从这里开始，我们将探索其在家庭单元中的表现。

首先，我们来看看如何识别和承认自己的情绪。情绪识别的过程被分为三个步骤。建议选择一种你能感觉得到又不会承受不了的情绪来练习。

1. 确定一种情绪

首先，确定你此时此刻正感受着的情绪。如果你有不止一种感觉，选择最容易识别的那个。一旦你确定好了，请坐下来想一想它在你的身体上和思想中的表现。如果你能说出那种情绪，就请把它写下来。

2. 给自己一些空间

现在，让我们试着在你和情绪之间拉开一些距离。如果你觉得这样做是安全的，就请闭上眼睛，想象那种情绪就在你面前一臂之远处——而你恰好够不到它。试着把它放在远离自己的地方，这样你就可以对其进行仔细审视。

3. 给情绪一种形式

既然你已经把情绪放在了自己之外，想象着它是有形的，问自己一些关于它的问题。它的尺寸有多大？它是什么形状的？它是什么颜色的？

在你想象它的大小、形状和颜色时，观察它一会儿，识别一下它是什么。当你准备好了，就让它回到你的体内。

反思

一旦你完成了本次练习，反思一下你对这次练习的感觉。在你把那种情绪摆在面前时，它发生了什么变化？一臂之远的距离是否让你有机会找到一个不同的视角？你情绪的尺寸、形状和颜色分别是怎样的？在练习结束时，你觉得那种情绪有什么不同了吗？

这个练习对识别情绪和感觉很有帮助。让我们利用它来探究你是谁这个问题的本质。我们一直在努力确定你的本源、你是谁以及什么对你重要。从这里开始，借助我们在本书第二部分所分享的技巧，你就可以精心设计一个你想要的妈妈形象。那位了不起的妈妈正在努力免遭倦怠，摆脱男权社会的束缚，好好工作，好好做妈妈，好好生活。

发现新的自我

作为妈妈，生活在这个新鲜刺激的环境里会有什么感受，认识到这种感受是一件头等大事。

让我们来做一遍刚刚介绍的练习，体会一下发现新"自我"的那种美好而微妙的感觉。这次我们不是关注情绪，而是要在脑海中呈现一个新的自我。让我们仔细想象一下这个新自我的视觉和知觉形象。

227

1. 确定你是谁

坐下，放松。把自己调整得舒服一点。闭上眼睛。全新的你这个想法让你感觉怎么样？它带来了什么感觉？抓住那种感觉，也许是兴奋，也许是紧张、焦虑或者恐惧，也许是勇气和力量——此刻，在你想象你的"自我"时，无论你最容易感受到什么都可以。

2. 给你的"自我"一些空间

既然你已经认识到了这种感觉，让我们与它建立一些空间。不要睁开眼睛，想象那种感觉就在你面前。你可以看到它，你知道它在那里，你能感觉到它。

3. 给新的"自我"一种形态

如果这种感觉有外观，它会是什么？它有颜色吗？有形状吗？有尺寸吗？它看起来像你吗？是一个全新的你自己吗？这是你想象中的你吗？这种形状、颜色和尺寸的本质是什么？

一旦你识别到这种全新的感觉，请欢迎它回归你的"自我"。它使你感到充实了吗？它能够塑造一个全新的或更强大的你吗？

从个人角度反思

回想一下，这个练习让你感觉如何？你给你的感觉赋予了什么样的形象？那一刻你是谁？重新认识自我给你的最强烈的感觉是什么？你还需要进行其他方面的反思，去体会"自我"中你是谁这个问题的新力量和新理解吗？

从家庭单元角度反思

把这个新的"自我"作为家庭单元的一部分来反思的话，你还会有同样的感觉吗？作为家庭单元的一部分的话，你想重新做这个练习吗？有很多阻碍吗？这次练习对你来说容易吗？

如何能感受到全新的你与家庭单元处于一种无缝融合的状态？掌握了这个练习法之后，希望你能有停下来喘息的空间。

⏳ 思考时间

● 这种逐步识别情绪和新"自我"的方法，让你有什么感觉？

● 你觉得练习过程中的障碍在哪里？

● 你第一次感觉到表达自由，是在做妈妈的过程中还是在家庭中？

环境融入与全新的你

花点时间去想象和感受你会成为什么样的人，以及你会如何

融入你的家庭，这会给你带来一些神奇的推动作用。推动你改变需要改变的环境因素，甚至推动你改变你的家庭事务，还可能推动实现你在家庭单元中的自我意识和与内在自我之间的和谐。

当我们做出很多新的内在改变时，也会出现一些简单的外在转变。例如，如果你正在考虑改善营养，重新回到健康饮食的轨道上，允许自己自由选择全天然食品，那么在你身边打造一个支持这些行动的环境很关键。

扔掉（如果在有效期内的话，也可以捐赠）不适合你（或家人）的食物。列一张清单，在商店里坚持按照清单购买东西，这样你就可以开始用支持性的食物取代非支持性的食物了。制作一个既适合孩子也适合你自己的菜单。让人最快偏离健康饮食观的想法和行为就是，不得不每餐准备好几类的饭菜。

我就做过那样的事，一天晚上能做多达三类的食物，真是消耗人。大可不必。我应该帮助家人吃得更卫生、更轻松，而不是做更多的工作，让自己疲惫不堪。

如果你在考虑多加锻炼，那么如何才能将其纳入你所谓"正常"的日常生活呢？你如何让它变得有趣？你能用花在常做但很想停止的事情上的时间来锻炼吗？你会在早上锻炼吗？还是午休时间呢？下班后，回家前呢？（我从来没有这么做过，但我知道很多职场妈妈都会这样安排）

对我来说，随着孩子长大及家庭之外工作量的增加，我不得不逐渐找到一些奇怪的方法锻炼身体。我曾经是个早起锻炼的女孩儿。皮质醇和快乐激素的激增让我为新的一天做好了准备。正如心态教练本·克罗（Ben Crowe）所说："赢得早上，就能赢得一天。"

然而，现在，在我们家，我丈夫只能在早上 5 点去健身，这意味着我得留在家里陪孩子。这就使我的锻炼时间变化不定。

有时，我会动力十足地在阳台上做日出瑜伽或 HIIT 训练，有时则没有什么动力。

就在我写到这儿的时候，我找到了去上拳击课的时间，那就是周一和周五把孩子送到学校之后。周三我会跑步或骑健身车，周末我也会做些别的运动。现在孩子们长大了，我们家最大的变化就是可以和孩子一起锻炼了，这就可以让锻炼变得有趣又可持续。当然，像生孩子前那样大汗淋漓是不可能了，但锻炼仍然乐趣十足，而且它也是一种连接，双赢！

在我的家庭单元中，用来思考和平静的环境是我最努力想要去改变的。这也是孩子们和丈夫在身边时，我似乎无法做到的事情。你看，我们住在一座小房子里，真的很小的一座房子。我没有这样的空间来布置冥想角落、摆放盐灯和水晶等。我倒是很想有一个这样的地方，但现在我的生活中还没有。所以，我只能随时随地去做这些事。考虑到这一点，我在这本书中与你分享的策略很容易适应许多不同的情况。我们可以在车里、在床上或躺在孩子身边，慢慢呼吸；可以在做家务或孩子睡着的时候，听冥想音乐，冷静思考。我们可以把平静融入生活。

　　几年前，我和一位忙碌的妈妈交谈，她当时正在开始一段新的冥想之旅。她拼命地想让自己养成早晨冥想的习惯。她喜欢乔·迪斯派尼兹的理念，即早起冥想，正确打开新的一天。然而，由于孩子们会在夜里醒来，还要处理繁忙的工作，她意识到这些完美的打算正让自己产生倦怠。于是，她在自己容易办到的时间起床，坐在客厅里，电视上播放着"油管"（YouTube）带指导的冥想视频。当孩子们在她周围捣乱时，她会做着呼吸练习，坐在那儿享受当下。有趣的是，一开始，孩子们找借口把她引出来。然而，慢慢地，过了几个星期，他们有时会加入她。他们静静地坐在她身边，跟着她一起呼吸，也可能只是悄悄地自娱自乐。当然，也有一些突然被打断的早晨，不过这是一种可控性强的锻炼，她觉得很适合当下的生活。

　　通过将冥想融入生活，这位妈妈在现有环境内完成了自我转变，对不想增加待办事项的她来说，这是极其重要的。这种转变对她和孩子来说是实实在在的，让她可以从平静状态开始新的一天。

　　睡眠环境的改变方法很容易融入繁忙的妈妈的生活中。正如我在前文中概述的那样，有很多方法可以让我们拥有更好的睡眠。而最困难的事情就是把旧习惯弃置一旁。你可以通过哪些方式来改变环境，让一夜好梦成真？在一天结束的时候，我们可以有意识地改变自己的睡眠行为，可供选择的方法也是各种各样、种类繁多。让全家人都形成更好的睡眠，将使每个人从中受益——尤其是对每天都匆匆忙忙事无巨细的家庭来说，更是如此。

我发现，在一天结束的时候把灯光调暗很重要。尽量减少孩子放学后看电视和看屏幕的时间，这会给他们带来巨大的改变。仔细回想，努力做到这一点后，我自己也是变化巨大。现在，我一般在卧室外给手机充电，给家里的无线网络设置了定时器，把所有通信设备都调到飞行模式，这样在夜里它们就不会同步信息。就是这样，从点滴小事做起。

不过，对我来说，最大的环境转变是弄到了一张按摩垫。晚上，我睡觉的第一件事就是把它铺在床垫上面，在上边躺上10 ~ 20分钟。它能调整我的呼吸，使我的心平静下来，还能促使我进入深度、放松的睡眠。用完之后，我会把它塞到一边去。这就是我根据重新连接自己的需要，对环境做出的改变，它让我的身体从倦怠中得以恢复，也让我再次拥有了健康的睡眠。

家庭单元内的环境变化需要你决定什么是重要的，然后再看看如何在压力最小化的条件下把它纳入其中。我可以保证，改变初期可能存在一些困难，但到了中期，你就会感觉到环境符合"自我"所带来的舒适，它能促进你对你是谁、什么对你最重要、怎样进行自我治愈的理解，并将你的能量导向"自我"。

⏳ **思考时间**

● 为了支持你的新目标和家庭连接，你可以从哪些方面轻松调整现有环境？

● 你的环境中有哪一部分已经在对你起支持作用了？

● 明天要和家人一起做出一项改变的话，你会选择什么？你怎样才能争取到他们的支持？

家庭理想和闪亮的新"自我"

在你把全新的、感官上有意识的、心理上有意识的、健康的自我表达出来之后，你就会知道自己理想的家庭是什么景象、给人什么感觉、让人有什么体验及其是什么状态。实现这一目标的最好方法是拥有一个清晰的愿景。

在书的前面，我提到了"是""做"和"拥有"的概念。你也已经发现了自己想要的目标是什么，还需要做什么，才能拥有你想要的健康为母之旅。将这些概念的应用与家庭环境相结合，可以产生巨大的改变，这需要花费些时间，但大有裨益。

如果你想成为某种样子，那么你的家人怎样才能支持你实现目标？在理想的世界里，需要有什么样的支持结构？你的改变会如何帮到他们，他们又能如何帮助你实现改变？

如果你发现自己被没完没了的待办事项清单搞得精疲力竭，那么怎么才能把"丢弃""委托"和"做"从清单上划掉呢？你是否有可以委托的家人或者可以有偿帮你的人？做到这一点，需要有一定的条件，我完全承认。我曾经与这样一些妈妈交谈过，她们会争取"乡村"的支持，通过照顾孩子、照顾家庭和社会连接等，帮助自己实现梦想。也许这就是你理想中的家庭情形。而现在，就是你深入了解理想的家庭状态的机会。

你的家人爱你，你爱你的家人。

爱你自己。

在家庭情形中表达自己会让你变得坚强。所以想象一下，理想状态对你来说是什么样子、有什么感觉。你无法控制家里其他人会做什么，也无法控制来自他们的任何阻力。你可以和他们携手共进，一起对它进行预演，讨论什么可行、什么不可行——但是，最终对你负责的人是你自己，不是他们。

以下是我如何不断努力在家庭中创造理想的"你"的过程：

● 在纸上描绘出孩子和丈夫都参与其中的和谐家庭环境愿景，这是实现目标的关键一步。

● 坐下来，和家人开诚布公地交流我的需求和愿望。

● 每周让他们有机会说出什么对他们有用，什么对他们没用。也让我自己有机会去探索这个问题。

● 每天都要关注我自己、我的目标和我的心态。

● 记得照顾我自己，然后才是照顾他们。

我对每个人的愿景是，你们能弄清楚如何驾驭这些改变，立足实际情况，从事无巨细中给自己放个假，就"你是谁、你需要什么及你们如何一起实现改变"坦诚地面对自己和你爱的人！

第十四章　在大千世界里活力四射

我选择快乐、乐趣、活力与健康，并敢于自我承诺！

我们已经开始努力在"乡村"和家庭中为自己发声了。我们一起加油！现在该把全新的、快乐的自己带进这个广阔的世界了。

始终如一地戴着不知疲倦、选择健康、坚持"自我"的面具，不是件容易的事。我的意思是，说真的，要一直戴着那样的面具，无异于让一个忙碌的妈妈等着崩溃的到来。

忙个不停是我们存在于世界的一种常态。对于"你最近好吗"这个古老的问题，我们的回答往往是"是的，很好，一直很忙，太忙了，你知道，妈妈的生活很忙"。从什么时候起，这个回答变成一种荣誉的象征了吗？

难怪我们总是精疲力竭、应接不暇、疲惫不堪、心力交瘁。我总是会不厌其烦地指出，妈妈们面临的最大问题是来自男权社会的苛刻期望，它期望你像没有孩子一样去工作，并像没有工作一样去养育孩子［感谢安娜贝勒·克拉布（Annabelle Crabb）如此雄辩地阐述了这一点］。

在本章中，我们将探讨：

- 展现并承认你的自我价值
- 勇于做自己的灯塔
- 经常"露面"熟能生巧

在我试图将"全新、改进"的自己融入周围的世界时，这个过程有时堪称一场艰难的斗争。这个世界没有准备好允许我充分表达自己，没有准备好尊重我的休息时间，也没有准备好尊重我完成必做之事的时间。我想，自己内心对选择休息而不是忙碌的评判，是我要克服的最大难关。

在对自我价值的理解及为什么全面展现自己的优缺点很重要等方面，我可能还需要进行更多的自我对话。我是在妈妈的陪伴下长大的，她只在一种情况下才肯坐下来休息，那就是休息也有事可做的情况——缝补、阅读、研究家族史（在这一点上她肯定会同意）——关于怎样才能使妈妈们休息后精力充沛，有很多层次的原因需要分析。自我价值是理解为什么你很重要的一个重要环节，尤其是休息如何作用于你的大脑、你自己、你的家庭……所有这些都在我们的价值观清单上名列前茅。

根据积极心理学网站上的定义，自我价值就是重视自己，有自我价值感意味着你是有价值的。一般来说，从职业模式或孕前模式进入妈妈模式时，我们会产生自我意识的改变，引起自我价值的巨大转变。那么，我们如何发现自己的价值所在呢？如何更重视自己呢？那么又该如何定义自我价值呢？

要和你一起解决这些问题，我可是兴奋极了。

确定你的自我价值

《韦氏词典》将自我价值定义为"一种感觉，认为自己是一个值得尊重的好人"。我觉得这个定义很不错。就像阿蕾莎（Aretha）一样，对自己多一分尊重就不会迷失自我。回顾过往，我可以看到，在经历这段漫长而又充实的为母之旅时，我确实有那么几次找不到自我价值。

对我来说，最击中要害的一方面——实话实说的话，也有点触动我——是受到尊重。细想起来，刚开始育儿的时候是一个缺乏尊重的"雷区"。我指的是，新生儿什么时候尊重别人的睡眠需求了？正经地说，我们太习惯于去满足这些幼儿的需求，而忘记了如何去满足自己的需求。

1976年，马丁·科温顿（Martin Covington）和理查德·比里（Richard Beery）两位研究员出版了一本教材，书名为《自我价值理论与教学》（*Self-worth and school learning*），书中阐述了现在普遍接受的自我价值理论原则。该理论确定了自我价值模型的四个要素：

- 能力
- 努力
- 表现
- 自我价值

由此看来，显而易见的是，职场妈妈尤其会出现自我价值下降，而努力获得认可，很容易使我们陷入倦怠。让我们来具体分析一下。

能力

作为一个正面对种种育儿难题的妈妈，确定自己是否有能力尽"好"母职，将其与我们重返职场的转变结合起来，可能并不好对付。在全球新冠病毒大流行的情况下，全球范围内对妈妈的支持都减少了。我知道在一些地区，由于保持社交距离的需要，他们叫停了所有面向婴儿的线下检查以及新手妈妈的线下支持课程——这种情况下，"乡村"的损失是巨大的。然而，这也导致我们丧失了对自己为母能力的信心。尤其是对那些第一次做妈妈的人来说，这种自信心的缺失可能会造成致命打击。

努力

没有人会否认妈妈们为孩子付出了所有的努力。没有一个妈妈不曾整夜坐在那儿上网搜索，为什么孩子总是睡不好，或者她们怎样才能把这件事、那件事或别的什么事做得更好。然而，当努力不是由直观的结果变化来定义的时候——就像在工作场所中非常有可能发生的那样——我们的自我价值就会降低。衡量妈妈付出多少努力，就像测量沙滩上孩子筛子中漏过多少沙子一样，非常困难。

表现

世上没有养育子女的绩效衡量标准。

让我们一起再说一遍：世上没有养育子女的绩效衡量标准。最为恰当的是把养育子女看作一次旅程，一个不断学习转变的过程。在如今的男权社会里，人人由其做事的好坏来定义，参考对象就是衡量标准、工作报告及一切关键绩效指标之类的东西。在中小学里，看的是我们的学习成绩有多好，或者我们在运动会上的比赛成绩有多好；一旦我们离开了中小学，看的可能就是我们在大学里的表现有多好、拿下一份新工作或者得到诸多赞美。又或者我们的表现要看我们减肥的效果，要看我们以特定方式做事的意志力多寡有关。

社会驱使我们相信，当我们把事情做好时，我们就有价值。但是，作为妈妈，我们到底要怎样做到这一点呢？

孩子的睡眠质量是衡量我们表现的指标吗？不是！

孩子发展大肌肉运动技能的时间早晚是衡量我们的表现的标准吗？不是！

我们在抚养孩子甚至在处理工作的同时保持家里整洁的能力，是衡量我们表现的标准吗？不是！

世上没有真正可以用来衡量你育儿的表现的方法，所以快放弃衡量标准这个烫手山芋吧！

自我价值

这实际上是其他三个要素的概括。根据成就来衡量我们的价值，真的不适用于评价妈妈做得好不好这件事。

在寻找一种对自我价值更现代的看法时——避免把成就作为唯一特征的考量——我偶然碰到了"光芒"应用程序（"Shine" App）的一位作者斯蒂芬妮·杰德·王（Stephanie Jade Wong）及其所写的文章《不能决定你自我价值的 13 件事》（ *13 things that don't determine you self-worth* ）。文中有几点让我猛然觉得非常适合妈妈们：

（1）你的待办事项清单。妈妈们的任务清单永无止境、没完没了。不要让你在待办事项清单上划掉的项目数来定义你的自我价值。

（2）你的外表。恢复到怀孕前的身材并不是衡量自我价值的标准。如果你想那样做，很好，去做吧；但如果你知道这不是自己现在想做的事，那也没问题！

（3）你有多少朋友。当你开始进入孕产期时，你的朋友构成就可能会发生改变，而清点你有多少朋友可能会让你感到心

242

虚。相反，更好的选择是，记得拥有的一两个患难见真情、真心对你好的朋友——你对她们也是如此。

既然我们已经大致了解了什么是自我价值、什么不是，现在一起来看看如何去影响我们的自我价值。再次参考积极心理学网站上的文章（因为这些专家太优秀了）可知，可以用不同的方法来重新发现你的自我价值。如果你实际上还在纠结这个问题，最好去寻求专业建议。不论怎样，下面有一个解决问题的简化方案：

● 增强对你的重要性的理解。回顾一下别人对你的看法、你做的那些了不起的事情，以及你可能会质疑或怀疑自己的地方。通过尊重自己来开始这段旅程就是迈出了完美的第一步。（我喜欢把这个方面写进日记里）

● 接受你的自我质疑中好的、坏的和丑陋的方面——这真的很重要。

● 写下你会爱自己的方式，写下你会如何对自己表示同情，就像你可能给予别人的那种同情。

● 经常提醒自己注意你的自我价值。你存在于这个世上不是为了取悦别人，你可以控制你对自己的感觉。发挥你的力量，问问自己，我最好的自己会如何回应？然后就那样去做。你做得越多，你就会变得越强大。

● 记住，你是自己的主人！没有人比你更有能力做出改变。

作为妈妈，发现自我价值本身就是巨大的转变，也是我们向世人展现光芒的有力一步。重新发现我们的内在力量和选择的力量也将带来无限的可能——这是我们自我实现的重要组成部分，可以使我们拥有令人满意的为母经历、一种令人满意的工作生活和自我意识。

⌛ 思考时间

● 目前，你认为自己最有价值的是什么？

● 你自己的五大优势是什么？（我的五大优势是头发、笑声、生活热情、调制鸡尾酒的能力和工作热情）

● 在理想的世界里，你会如何体现你的自我价值？你有多优秀呢？（请写下来，姐妹。让它呈现在纸上，想象着没有人会看到这些内容；只是被你看到、专门为你而来！）

勇于做自己的灯塔是相当令人发怵的。我并不是说你必须跳出来，在那儿闪闪发光（尽管我很确定，如果你了解我本人，你会在我身上看到很多闪闪发光的东西），而实际上指的是，我们可以诚实地面对我们是谁并成为那样的人。

当然，有些时候我们的光芒可能会有点暗淡，比如那些我们没有睡好的日子，或者我们感到孤掌难鸣的时候。这样的情况是有的，也是自然且正常的。跟你们很多人一样，有时候我刚一觉醒来，就觉得生活太艰难了。在下床去面对生活之前，我就已经发自内心地对世界感到沮丧。最近有一天不得不提，那天我真是不想当妈妈了。一想到要洗澡、洗衣服、家人的午餐、我自己的午餐、开车送孩子上学、整天在工作中"笑脸相迎"，以及回家做一切需要做的家务事，我就觉得自己受不了了。我起身，想要活动一下身体，但被孩子们打断了，感觉这种被打扰的情况得有1000次了。当时，我真是糟糕透了，又吼叫、又跺脚，像极了一个被宠坏的青少年。

我走到房间里坐下，做了会儿呼吸练习，又洗了个澡，放了些音乐。我给自己做了炒鸡蛋，泡上一杯咖啡。事实上，有趣的是，我还和三个有相似经历的妈妈们进行了交谈，还指导她们做出了改变。

能够认识到我不在状态，使用技巧来改变我的内部环境从而改变我的外部环境，这是逆转的关键。本来我很容易在愤懑中度过那一天，以前就发生过这样的事。通常，终于撑到这样的一天结束时，我会感觉又累又气，浑身疼，想要早点上床睡觉，但也没那么容易做到。（那些躺在床上对白天充满悔恨的夜晚，你了解吗？）

认识到你很重要，认识到你的自我价值和选择的力量可以为自己创造一个灯塔一般的未来，这是向前迈出的巨大一步。作为一名职场妈妈，一开始可能很难集中能量去迈出这一步。重要的是，在消极自我对话开始出现时，得制止它。要认识到这个过

程并不是一帆风顺的，重要的是要努力去做，而且随着时间的推移，会变越来越容易：这样，我们就能勇敢地成为自己的灯塔！

那些我们起床时感到能量向上直冲顶轮、自信活力的日子，难道不是极好的吗！我非常喜欢这样的日子，我拥有这样的日子！当这样的日子近在咫尺的时候，我会努力拿下它们！

⌛ 思考时间

- 你不太有活力的日子是什么样子的？
- 你自信放光芒的日子是什么样子的？
- 你怎样才能恢复光芒？

奖励自己变得更加容易

你值得付出努力，去摆脱倦怠、压力和疲劳，让自己从内到外闪闪发光。

放轻松。

找一种让人快乐的方式。

有这种冲动的时候，就大声喊出来、唱出来。

克服一切与你的价值体系不符的工作带来的倦怠，是一项艰巨的任务。当我们违背了真实的自我、想要做太多事情时，就会出现倦怠。而在你更深入地了解自己时，融入世界肯定就会更容易。

从简单的事情入手让自己获得成就感，我们都渴望通过神经奖励中心获得这种成就感。当我们把事情做好时，大脑的这些区域就会释放出快乐的化学物质，就像给了自己一个大大的表扬。我们对孩子表示认可时，他们会发自内心地微笑，就是这个道理！

一旦我们的大脑认识到这种效应，它就会渴望更多。对我来说，这就像我决定吃全天然食物帮助身体更好地运转一样。从最简单的事情开始，对我来说，那就是戒糖了。

戒糖，我一听就觉得自己能做到。这大概花了我两天的时间，我相信自己正在朝着最好的未来前进。一旦我完成了这个简单关卡，就会进入困难的关卡——戒咖啡。每年，我都会有几周到几个月的时间不摄入咖啡因。我发现，这样能极大地减轻我的疲劳，让我得以将自己的压力因素清零。与任何难事一样，头五天很难驾驭，不过一旦撑了过来，我的内心就会获得巨大的力量和勇气。大脑的奖励中心会给我一个大大的赞许，我也会感到充满力量，因为我为自己做出了如此了不起的选择。

自此，我经常尝试改变自己的运动习惯，或者更换一个新的工作任务，就是去做一些需要我对自己有一定的信心才能完成的事。很有趣的是，尊重自己可以让自我意识变得足够强大，使我敢于鼓起勇气，敢于选择尝试新事物，敢于尝试自己多年来一直想做而未做的难事。它完全重塑了我的自我价值，而我也真正从

内心感受到了那个灯塔般闪闪发光的自我。

我希望，有一个简单的技巧步骤，让你能灵活应对职场上、家庭外和家庭中的各种情况，使你的光芒闪耀出来！一旦你完成了这件事，就会感到心情舒畅，一切尽在掌握。

强大，

勇敢，

坚韧，

就是你！

⏳ 思考时间

- 你能做哪一件事，让自己成为外部世界的灯塔？
- 过去，你在哪些方面对自己的倦怠和价值观感到困扰？
- 你会如何奖励自己？

第十五章　自私的妈妈与重要的自己

当有更多的光从你身上散发出来，黑暗将不复存在。

做妈妈的时候，自私不是自私——是生存需要！

所谓的自私，可能是指摒弃妈妈内疚感，也可能是承认我们成为妈妈的道路与人们所讲、所期望的不同。世界上有很多智者告诉我们，自我保护不是自私。这本书的大部分内容讲的都是自我保护之旅，为的是带你回归活力、健康和自我。而与书有异曲同工之妙的是课程《6个星期重置妈妈状态》，它专注于恢复妈妈的健康和希望。这可是完美的"自私"为母之道！

做妈妈要生活在自己的光芒里，供养你内心燃烧着的那些灿烂的火焰，这样你就能走出黑暗，拥抱自己。在前一章中，我们讨论了妈妈的自我价值，及其如何促使你实现巨大转变、让你明白自己的重要性。把这种自我价值感带到广阔的世界中，可以极大地提高人的自信。

所以现在，你对自己是谁、为什么自己如此重要有信心了。让我们从妈妈内疚感、自顾和教养孩子的角度，来看一看职场妈

妈的问题。

在本章中，你将在以下方面学到一些强有力的观念和行动：

- 妈妈内疚感
- "好妈妈"与"坏妈妈"的类比
- 自私和自恋的区别
- 完美自私妈妈的肯定语

当今社会普遍认为，如果你的工作太繁重，就不会把你的孩子放在首位，等他们长大成人了，你就是一个坏妈妈。虽然我强烈地感觉到，在新冠肺炎疫情期间，人们对妈妈所做的工作有了越来越多的认识和理解，但社会对妈妈在职场中的总体期望并没有发生太大的变化。在前文中，我们了解了妈妈内疚感现象，即社会期望妈妈们能像没有孩子一样工作，又能像没有工作一样养育孩子。

明白你是谁，明白为什么你是谁很重要，这是在做妈妈的过程中把自私维持在一个完美水平的关键。一定程度的自私，能让你照顾好自己又不感到内疚。这就是我想说的：承认你的自我价值，并接受它的重要性，这是一项日常可行的任务。让我给你们举个例子。

今天早上，我醒来，知道自己不想做早餐，又恰逢食物采购日，所以食品储藏室的存货所剩无几。所幸，我可以从当地的小餐馆点餐，所以，在问了所有家庭成员他们想吃什么之后——至少问了五次——我写好了订单，并拨打了订餐电话。

我迅速把衣服进行分类，在洗衣机里洗上一筒深色系衣服，然后快速洗了个澡，还抹了些润肤霜（堪称完胜时刻）。

这时我意识到，必须把我丈夫车架上的几辆脚踏车拿下来，这样我才能开车去小餐馆（因为它在车道上的停放方式意味着，我不这样做就不可能把我自己的车开出去）。他走了出来，我们开始往下卸前一天旅行的行李。我跳上车，前往小餐馆，拿上早餐，又去下一站拿上报纸，就往家里赶。相对于过去，我认为这短短 10 分钟的旅程算是我这一天的"个人时间"了，讽刺的是，这只是支持了我的信念，即"个人时间"是夹在其他活动之间的安排，而不是优先考虑我这个妈妈健康的独立需求。

接下来，我招呼所有人来到室外的桌子前，准备好刀叉，听见孩子们进进出出拿他们的特制刀具时摔门的声音，坐下来吃东西。像蜜蜂一样忙得团团转。饭后，把盘子收拾干净，进屋去，以为我现在有时间了。

我意识到衣服已经洗完了，把它换一下，放入下一筒，再把第一筒衣服挂起来，又和丈夫坐下来聊养老金的事儿——我们经常在喝咖啡的时候聊这些。想起我需要去隔壁的房子（我现在的办公室）开始写这一章，出去的时候看了眼厨房，要洗碗碟，走之前又把洗碗机打开了。

收拾好我的东西，朝隔壁的房子走去。手里拿着咖啡，坐在

电脑前面，做 10 次深呼吸。我有自己的空间，但我不能把这归为"个人时间"，因为我在工作。我知道你懂的。用工作时间替代个人时间——我们正是通过这种兜圈子的方式进入了倦怠和不健康的阶段。要把这两者分开，可是要费不少工夫。你呢？你的工作时间被视为你的个人时间了吗？

自私和自恋的区别

在过去几年里，关于自恋的讨论不断升级。我从家庭暴力的角度见过这一点，尤其是来自配偶的自恋型虐待。现在，我就先跳过这部分复杂的内容了。

在母性自恋中，有一种子类型叫作隐性自恋（covert narcissism）或脆弱型自恋（vulnerable narcissism）。这与广为人知的浮夸型自恋（grandiose narcissism）不同，浮夸型的特点是外向、希望得到关注。是的，如果你搜索一下，就会发现很多关于自恋型妈妈努力重塑自己、在孩子身上实现自己的愿望的文章。研究告诉我们，那样对待孩子，会致其遭受忽视和心理创伤。这就是为母之人自恋的可怕后果。

凯瑟琳·法布里齐奥（Katherine Fabrizio）在一篇文章中概述了一个妈妈如果具有"隐性自恋特征，如何在表面上显得谦卑又富有自我牺牲精神"。然而，由于对孩子一切活动的深度参与，"妈妈的需求，而不是孩子的需求，才是亲子关系的核心驱

252

动力"。

- 幼儿和学龄前阶段：当女儿表现出独立性时，妈妈会用惩罚和羞辱的方式阻止女儿的"叛逆"。
- 青春期阶段：妈妈参与到女儿所有的友谊中，还会在外表、衣着和社交圈中发挥其主导作用。
- 婚姻阶段：妈妈决定策划婚宴，事情通常都是由母女决定，而不是由夫妻俩决定。

大概来讲就是如此。读到这篇文章时，我从中识别出了一些熟悉的情景。该文章提出了一些"好妈妈"和"好女儿"情结的观点，如果你像我一样，那你可能只是陷入其中一小段时间。这种程度的自恋，虽然一开始并不总是能被识别出来，但与传统的体贴妈妈明显不同，也希望与你的自我不同。

另一方面，自私的妈妈——至少在我看来，通过妈妈身份和其个体的角度——能够优先把自己作为连接双方的必要渠道，把最好的一面展现给家庭和社区。一个完美自私的妈妈，会通过自我照顾和自我意识呈现出最好的一面，并将其投入到教养子女中去。《牛津词典》对"自私"的定义是"不为他人着想；只关心自己的利益或快乐"。

我想说的是，当今世界，人们对妈妈的期望如此之高，他们期望妈妈们无所不能，而为了我们自己的生存，一点点自私是必

不可少的。

值得称道的自私是对生命的肯定。在做妈妈的时候，我们仍然很重要这样的想法经常会被自己遗忘。

努力在自己的需求之间找到一个平衡，这样你就会呈现一种饱满的状态，而不是一直都是在半空运转，这就是自私空间的意义所在。我记得，在我有自己的孩子之前，我看到过妈妈们花时间去独处。她们可能是一个人来到了我的诊所，也可能是一个人去理发或者单纯在海滩上散步、思考。这些极好的独处时间对她们来说是必不可少的。

但现在回想起来，我想我当时会对她们进行评判，认为她们想要享受这样的时间。然而，在我生命的那个阶段，我不了解她们脑海中不断闪现的待办事项清单、她们的孩子对时间的占据，以及她们为维系甚至想加强自己与重要他人的关系的不断努力。

回顾我自己的育儿之旅，我也确实感受过这样的评判。无论是我必须摆脱我自己的故事，那种如果我花费太多时间就不是一个好妈妈的故事（马上会讲到更多关于妈妈内疚感的内容），还是从别人身上看到的故事，都会被人评判。好女儿情结——我们努力兑现我们认为社会印象里的好女儿形象——及后来向好妈妈角色的转变，是产生评判的雷区。认识到我们行为背后的驱动力是试图满足别人的好妈妈标准，这是我们向值得称道的自私妈妈努力时所能做出的最大转变之一。

在日常生活中有意去树立意识，那些自私表现让我成为一个更好的人，而优先考虑自我照顾，对我在生活中保持平衡至关重要。希望通过这种书面上的对话，能给你一点力量，让你今天可以选择一件"自私"的小事去做。

⏳ 思考时间

● 在生活中，有没有什么地方让你感觉自己自私？

● 这种自私表现的背后，是不是有可能只是一种自我照顾？

妈妈内疚感与母职之杯

学习如何让自己变得强大，以及如何为自己充电，需要跨越巨大的内疚障碍。母职之杯是相当大的，我们必须不断用新内容对其进行填充。我们需要看看如何做到这一点，同时还能保持健康、活力、快乐又有生命力的妈妈状态。

假设你现在已经抛弃了（或者至少承认并放手了）一些关于自我价值和照顾自己不重要的内疚感或故事，让我们带着这种意识来看看我们的母职之杯。

用杯子来比喻自我照顾并不是什么新鲜事。作为妈妈，我们有很多方法可以尝试来把自己的杯子填满。在神经学中，我们研

究神经系统是如何感知事物的，比如疼痛，当桶满溢时，大脑就识别出疼痛通路已经被触发，就产生了疼痛感。我们再来审视注水杯对妈妈的作用，就会发现，它有点像一个漏水的桶。

人人都有这样的杯子，生活中的人和环境会不断地来舀你杯子里的水，或者在你的杯底凿出微小的洞，但如果我们没有不断把它装满，我们的杯子就会枯竭。杯子理论与健康妈妈的五大支柱基本相同：

（1）营养

（2）运动

（3）思维

（4）睡眠

（5）社群

这些杯子需要如何去填充，这取决于你所处的生命阶段、生活状态和思想状况。如果感觉有一个杯子特别空，花上一个星期的时间专注于研究这个杯子，看看会发生什么。我喜欢在周日晚上做一个反思练习，琢磨一下我的杯子，看看它们所处的状况，想想新的一周我所需要专注的方面。

举个例子，今天我坐在这里，真心感觉自己的营养杯最近状态不太好。多吃了一些布里干酪，而蔬菜的摄入量不太够，于是，我会用 5 分钟的时间，就这一周的维生素、运动和营养等方面写下我的计划，并把它打印出来，贴在冰箱上。我可能也会写下一些肯定语（接下来我们会讨论肯定语），把它们贴在厨房的橱柜上，这样又可以给我一点激励。

当带着意图和专注去斟满自己的杯子时，我们选择一些小事来做出改变的方式就会变得有趣。这一周中，我会特意带着孩子们一起运动，也会有几次让孩子们在健身房看着我锻炼。然后也有一些有意的"填杯"安排，比如我们准备组织朋友们一起去玩。对所有的妈妈来说，内疚和选择之间的拉扯都是真实存在的。我们驾驭这种情况的能力是从倦怠模式恢复到自私／自我照顾模式的关键，也是我们现在不断创造可持续又真实有效的改变的关键。

⌛ 思考时间

● 自我照顾是否已经填满了你的某个杯子？社交杯？关爱杯？还是健康杯？

● 目前，你的哪个杯子水位比较高？

● 你感觉哪个杯子要枯竭了？

● 这一周你打算做出怎样不同的选择来填满一个杯子？

● 这么做会让你感到内疚吗？把你的感觉写进日记里，弄清楚它可能来自哪里、你可以怎样识别并摆脱它，继续向前。

完美自私妈妈的肯定语

完美自私的妈妈。

这是我们的一部分，是希望能做出自己的选择、尊重自己内心微小的声音的我们。

对于如何才能做到完美自私的困惑和疑问，我有一点建议，那就是——肯定语。我在前边提到过它们，但肯定语确实是为潜意识定下基调的有力方式，能够让其成为你现实生活的一部分。我觉得这也是参加《6个星期重置妈妈状态》课程的妈妈们做出重大改变的关键方法之一。你或许有一些小想法"美好到让人难以置信"；或许有一些还不知道如何描绘、如何使之成真的想法。你觉得还没有准备好让这些想法为人所知，而肯定语正好为那些内心的想法提供了一个出路。肯定语是一种超级强大的方式，可以把我们最想听到的话讲给我们，使用得越多，它们就越能实现。

这听起来有点捕风捉影，但其中却有一种特殊的魔力！我迫不及待地想让你梦想成真了。

有时我喜欢把这些肯定语录下来，这样我就能听到自己把它们说出来，然后大声对自己重复。我经常把它们写在卧室的镜子旁，用便利贴贴在汽车仪表盘边上，设置成手机的屏保，甚至写在浴室的镜子上。

肯定语是一种很好用的方法，我们也可以用在孩子身上。当孩子们在学校门口下车之前，给他们一份关于力量、勇气和爱的心灵对话作为礼物，这是一种祝福。如果可以的话，我们需要给予他们这样的祝福。毕竟，过去的几年里，我们经历的混乱、高压似乎已经转移到了孩子们身上。这一点，我们每天都能从他们的眼睛中看到，也能从儿童心理健康问题惊人的增长数量中看到。自私的为母之道，不只是为我们好，也要为他们好！

当我们以最好的自己出现时，就能把自己最好的给他们，而这只是提供一个很好的基准，让他们从中模仿、从中学习，并将这一基准加入他们的潜意识。

不过，话说回来。肯定语本身没有对错之分，只有对你来说所谓的对。我强烈建议你写一些，那种大声说出来能给你内心说"是"的感觉的——这个时候，我们就可以知道这些肯定语是对的。以下是我的一些肯定语。

我是一个坚强勇敢的女人。

我是一个了不起的妈妈。

我重视自己。

我值得做我自己。

我值得营养。

我值得运动。

我爱自己。

我有人爱。

我就是爱。

我有爱心。

走出母职困境

思考时间

● 你认为在你完美自私的妈妈角色中，肯定语会如何发挥作用？

● 你今天准备用哪五个肯定语？

60

第十六章　小结：妈妈复兴计划

为母之旅的变革，始于我们向世界的涌动，像涟漪效应一样直达平静的海洋！

彻底改变为母之旅，守护健康，从你开始。你可以选择如何呈现自己的状态，选择想要什么样的为母体验，选择如何影响后代。通过阅读本书，你已经了解到，很多外部因素共同驱使你形成了现有的行为、表现及教养孩子的方式，而社会对妈妈的工作期望可能会让人英年早逝。

最后一章致力于让全新的你在大千世界中再生活力。这是一个为实现改变而设计的挑战计划。在我的在线课程《6个星期重置妈妈状态》中，我开发了一个框架，可以用来为你的选择及其如何产生变化等方面做简单的指导。

我把这个框架称为"妈妈复兴计划"。

在本书结束时，你将形成自己的妈妈复兴计划！

这个框架短小精悍，为你提供了诸多方法，让你彻底改变个人世界，重拾健康和活力，从新冠肺炎疫情期间人人身陷的混沌

中恢复平衡。

作为职场妈妈，我们都需要有所计划，一个我们可以为自己实现的计划。这个计划，会通过一种简短、清晰又简洁的方式，将你在本书中所学习和掌握的一切元素包含在内。

我不指望每个把书看到这里的人都能立刻样样做好。我发现，做出重大改变最好是慢慢来，而不是刚开始就一股劲儿地改变一切。

通过这个计划，你可以形成一个美观的清单，等你准备好了就可以回头参考。你也可以复制一下，把它贴在家里的某个地方，这样你就有了一个视觉参考。我喜欢这样做，这就像我把肯定语贴满了卧室的镜子一样，这样我每天都能收到要爱自己的提醒。你也可以选择一些能为你带来改变的事情。

你值得拥有一段很棒的为母体验。我希望你一开始就能拥有这样的肯定语："我致力于尊重美丽的自己，尊重我很重要的事实。"

我的妈妈复兴计划

好了，我们开始吧！这个计划很简单，只要回答下面的问题就好了。你可以把答案写在此处的横线上，也可以写在任何你喜欢的地方。只要确保在需要的时候，便于随时查看你的答案即可。

我的核心价值观是：

_____

_____

当我这样做时，我内心的灯塔就会发光：

_____

_____

我要通过以下途径来找到一个集体并把它发展壮大：

_____

_____

我选择为自己提供健康支持的饮食方式是：

_____

_____

我选择的锻炼方式是：

_____

_____

我选择通过以下方式来锻炼我的大脑：

_____

_____

我选择通过以下方法在生活中找到平静：

_____

_____

 走出母职困境

我通过以下方式为生活增添乐趣：

_____

_____

我选择了一种睡眠体验，其重点是：

_____

_____

我应该尊重我的新自我，因为：

_____

_____

我会通过以下方法来平衡我的工作和生活：

_____

_____

温馨提示

美丽的妈妈，都在努力保持健康，从倦怠、压力和疲劳中恢复过来，重新获得热情与活力，你值得这样做！

在你转变的过程中，最难的就是学着如何重新确定优先次序。你会在某些选择中惨遭失败，这是板上钉钉的事儿，但是，你很坚强，你可以站起来，从头再来。

在我经历的疗愈之旅中，没有一次不曾在某个时刻翻车的。也许我在努力减少体内的毒素，但有人给了我一杯咖啡；也许我

真心想多吃全天然食物，但相比之下，沙拉虽更加有益健康，而加工食品的吸引力却更胜一筹。

你能明白我的心情。有时候，人性就是那样，人性就是人性啊。有时我的激素比意志力更强大，巧克力中的镁元素能击败我的任何强烈意愿，而我必须在午餐后喝上一杯超浓的红茶，才能重新集中注意力。

我学到最多的就是，不要把这看作一天尽毁的标志，也不要把这看作自己无法重新开始的标志。当我需要做的只是一个小小的、有意识的改变时，不要抹去一整天或一整周的时间，这是实现改变的关键。在那一刻，有意识地选择做那件事因为那是应该做的，要意识到，那只是一种选择。

你有权选择自己的生活。

一小步一小步就能实现持久的改变。

你可以让你的为母之旅完全成为你想要的样子！

结 语

我们已经到达了旅程的终点，这称得上是一次值得一提的旅程。我希望你们离开这里时，能感受到我希望的那种力量，让你能通过转变和改变摆脱倦怠和压力、远离疲劳和挫折。

我希望，你已经发现了一种前所未有的内在力量。如果你想在这段旅程中获得更多支持，一定要去看看《6个星期重置妈妈状态》这个课程。

我也希望，你已经具备了选择快乐、健康和活力的能力。

我知道，新冠病毒给世界各地的妈妈们带来了极大的改变。然而，你内心的光辉和美丽并没有改变，那种与生俱来的自我意识及像钻石一样闪闪发光的能力，没有改变。

这种重新想象的、欣欣向荣的为母之旅，能让你在你宝贵的人生中变得更勇敢。

你们值得，妈妈们。你们能够治愈、成长并改变！

我爱你们！

去吧，也去爱你自己吧！